书·美好生活
Book & Life

书,当然要每日读。

忘れかけていた大切なこと

被遗忘的珍贵之物

[日] 渡边和子 / 著　　周志燕 / 译

北京时代华文书局

图书在版编目（CIP）数据

被遗忘的珍贵之物 /（日）渡边和子著；周志燕译. -- 北京：北京时代华文书局，2025.4. -- ISBN 978-7-5699-5818-8

Ⅰ．B821-49

中国国家版本馆 CIP 数据核字第 2024YR7803 号

WASUREKAKETEITA TAISETSU NA KOTO
by Kazuko WATANABE
Copyright©2008 by ASAHIGAWASOU
All rights reserved.
First original Japanese edition published by PHP Institute,Inc.,Japan.
Simplified Chinese translation rights arranged with PHP Institute,Inc.,Japan.
through CREEK & RIVER CO.,LTD. and CREEK & RIVER SHANGHAI CO.,Ltd.

北京市版权局著作权合同登记号　图字：01-2022-6269

Bei Yiwang de Zhengui Zhi Wu

出 版 人：	陈　涛
策划编辑：	陈丽杰　谭　爽
责任编辑：	谭　爽
责任校对：	初海龙
装帧设计：	咚　艾
责任印制：	刘　银　訾　敬
出版发行：	北京时代华文书局 http://www.bjsdsj.com.cn
	北京市东城区安定门外大街 138 号皇城国际大厦 A 座 8 层
	邮编：100011　电话：010-64263661　64261528
印　　刷：	三河市兴博印务有限公司
开　　本：	880 mm×1230 mm　1/32　　成品尺寸：130 mm×180 mm
印　　张：	6　　　　　　　　　　　　　字　　数：80 千字
版　　次：	2025 年 4 月第 1 版　　　　　印　　次：2025 年 4 月第 1 次印刷
定　　价：	39.00 元

版权所有，侵权必究

本书如有印刷、装订等质量问题，本社负责调换，电话：010-64267955。

前　言

虽然我本人未觉得自己年岁已大，但不知不觉间，在电车上有人给我让座，从我所居住的城市寄来老年人乘车证，已有数年。

六十三岁时，我在把校长一职交给接班人后，回到了东京。值得庆幸的是，在这之后，接踵而来的工作让我充实地过到了今天。

回顾我的人生岁月，我觉得我的人生就是从一个意外到另一个意外。不仅九岁时父亲的突然死亡是个意外，而且，连我加入基督教，也是一个意外。

迄今为止，我经历过的与我最初计划相悖的事，不计其数。

在经历这些事的过程中，我学会了"遇事必须以正面接受的方式处理"这一点。此外，在不知不觉间，我还让自己掌握了冷静地看着自己的小计划走向破裂，并边告诉自己"这样已挺好"边微笑地处理残局的能力。

对于从小好胜、任性的我而言，让自己慢慢变成这样的人，绝非易事。但我发现，与自己的斗争，给我的内心带来了平静；微笑，让我在解决问题时有了头绪。

拥有疗愈他人内心、激励他人的力量的微笑，是在"痛苦"这片土壤上开出的花。而且，我不由得觉得，微笑也能疗愈自己的伤口。

随着年岁的增长，我不再埋怨他人或周遭环境，说"本不该这样"。渐渐地，我开始对自己说"本不该这样"。以前能做到的事，现在做不到了——本不该这样。工作没有在规定时间内做好——本不该这样。

我觉得，学会平心静气地接纳、宽恕如此不中用的自己，并边微笑着说"这样挺好"边继续生活下去，是今后我面临的课题。

这本书所收录的文章，均为我在日常生活中的一些感想。

2005年3月

渡边和子

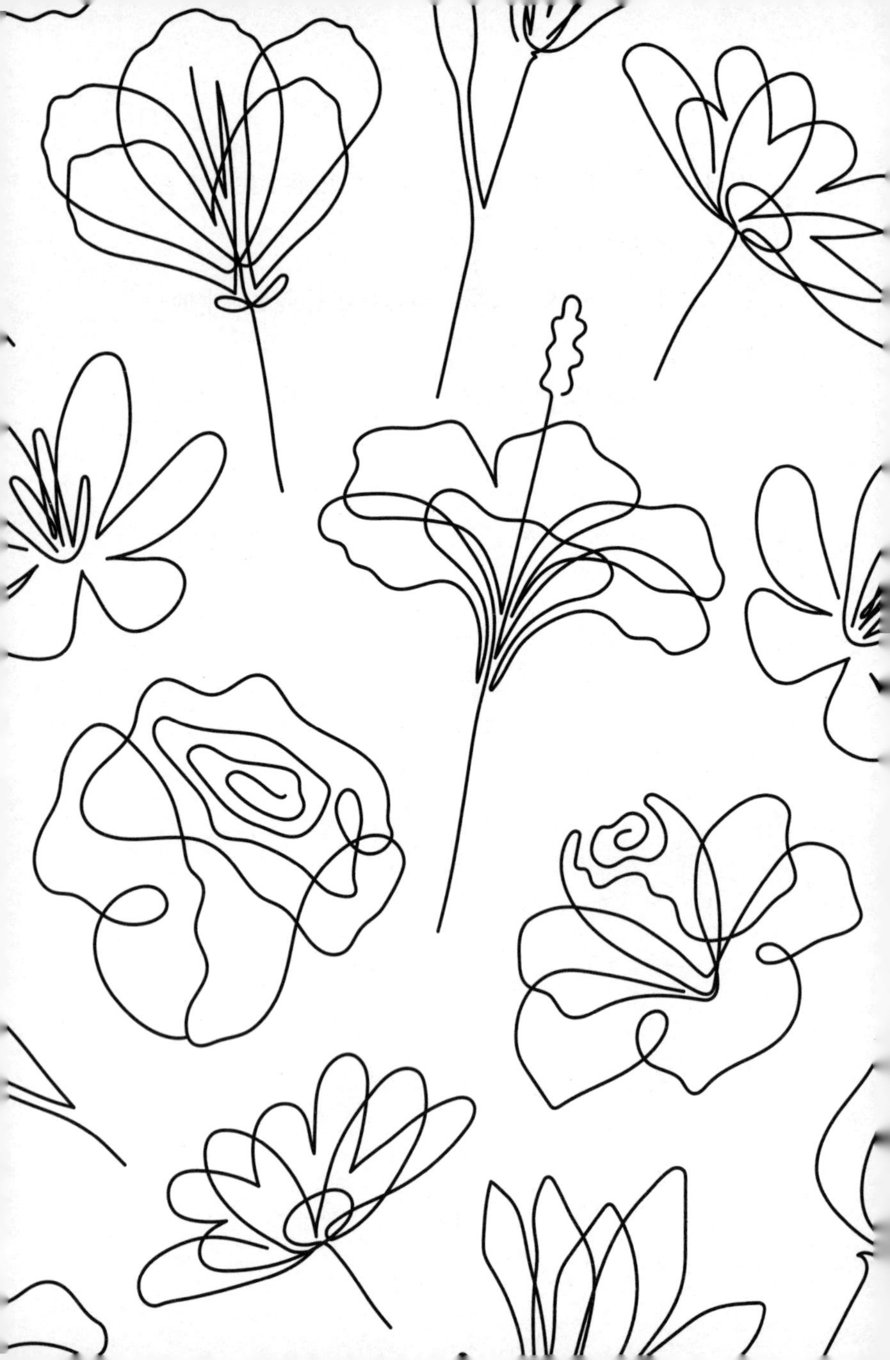

目录

第一章 温柔前行

- 003 向前一步的温柔
- 007 微笑的力量
- 011 爱是看不见的存在之物
- 015 把鞋摆放整齐的自由
- 019 每天记录三件值得感谢的事
- 023 漂亮的人
- 028 托您的福
- 031 小学生的道德
- 034 世间的旅人

第二章 于己于彼

- 043 甘之如饴
- 049 麻烦的人际关系
- 053 败中有胜
- 055 命运有时冷酷,但天意温暖
- 061 如果有爱,就不会觉得辛苦
- 064 人生的报告书
- 068 简素
- 070 独活多苦,分担是福
- 073 失落时,就让它失落
- 076 体谅、宽容、坚定

第三章 如何育人

- 081 我相信你
- 083 围绕自由的教育
- 095 人活着,不能只靠面包
- 098 一句赞美
- 101 诚信危机
- 103 承蒙世间恩惠

- 109 退一步的力量
- 115 把一切存在心里
- 120 常常喜乐
- 124 玩心
- 127 各种喜悦
- 129 我们生而重要

第四章 老之将至

- 135 人生的计划
- 137 回忆特蕾莎修女
- 140 情感冲突
- 144 第一次、仅此一次、最后一次
- 146 如何从容
- 148 挑食与爱人
- 159 牢骚
- 165 和且平
- 168 节约
- 171 撒娇心理
- 174 一颗被美吸引的心
- 176 人生的冬季

第一章

温柔前行

向前一步的温柔

在很多人为花粉症而烦恼的那段时间,有一天,与我住在一起的同伴和我说:"昨晚因为鼻塞,直到半夜才睡着。"而我当时的回答是:"哎呀,你有没有好好吃药哇?"

与她分别后,我反省自己当时为什么没有对她说"一定很难受吧"这句话。

我之所以会有这番反省,是因为我记得很久之前有个人给我讲的故事。据他说,他曾因在住院期间连续好几天失眠而向他的主治医生诉苦,而主治医生的回答是:"要是这样,就增加药量,或改吃别的药吧!"

当他对前来查看病房的护士说同样的话后,护士的回答是:"是吗,那你一定很难受吧!你一定觉得夜晚很漫长吧!"

他告诉我,他在听到这句话的那一刹那,觉得自己得救了。

毫无疑问,主治医生的回答并没有什么不妥之处。但是,这种回答只是医生从职业的角度给出的回应,并不一定能治愈患者的内心之痛。相比之下,护士的回答更能让患者感觉到共鸣和温暖。

我给因花粉症而苦恼的同伴的回答,虽然不冷淡,但也不热情。在我们的日常生活中,像我这种"虽不冷淡,但也不热情"的应答,应该有很多吧!这说明我们都缺乏向前迈一步的勇气和温柔。

东京某大型教会的主任神父是一位平时就很忙,圣诞节前夕更忙的人。有一年,在圣诞节前,他把很多只写着他的签名的圣诞节贺卡寄了出去。之后,他

也收到了很多贺卡,数量和他寄出去的几乎相同。其中有一张是一个上小学的女孩寄来的。这个小女孩在贺卡上如此写道:

"谢谢神父给我寄来这么漂亮的卡片。不过,看一句话都没写的卡片,很无聊。"

虽然这只是不知主任神父有多忙的孩子的话语,但看到这句话时,神父还是吃了一惊。他意识到,来自上帝的圣诞节贺卡应该附上几句话。

我也经常对学生说:"贺年卡、结婚请帖、迁居通知,除了卡片上印刷的语句外,还应该亲笔写上一两句话,如'承蒙您照顾''您身体还好吗'等。"

我之所以这么说,是因为只有这些亲笔写上的话,才能给人带去温暖。

随着文字处理机、电脑、手机、电子邮件越来越普及,我们的沟通也变得越来越机械化。因为我们现在无须说话便能通过自动贩卖机买东西,便能在便利店和超市的柜台上结账,所以我们的话语越来越缺乏温暖的气息。

只想着用药来解决由失眠带来的难受和痛苦的社会，不仅是一个冷漠的社会，还是一个恐怖的社会。

特蕾莎修女经常这么提醒修女们：

"当你把汤递给排着队的人时，请不要忘了微笑，不要忘了触碰对方的手，把你的温暖传递给对方，不要忘了说一两句简短的话。"

认为自己所做之事"不是福利事业，而是与每个人的灵魂息息相关的事"，并因此拒绝政府的援助的特蕾莎修女，是一个重视人与人之间的温暖传递、言语交谈的人。

我想让自己向前迈一步，由"只是不冷淡"的我变成热情的我，变成能与别人内心的痛苦、苦恼产生共鸣的我。

微笑的力量

"我平生第一次将毕业生送出了学校。"

这是某年的三月中旬,毕业后已成为商业高中老师的M给我的来信中的一句话。在这封信中,她提到了一名于那年春天毕业的女高中生。

据说这是一名无论是家庭还是学业都有问题的学生。在毕业典礼那天,这位学生对M说了这么一句话:

"只有老师您没有放弃我。"

据M说,这位学生刚说完这句话,就向校门走去。在听到这句话的那个瞬间,M百思不得其解,后来仔细想想，应该是课堂上每次和她对视都主动微笑的缘故。这之后，M如此写道：

"虽然大学四年听您说微笑的重要性听到了厌烦的程度，但我只觉得这不过是'漂亮话'。等到我亲身经历过，才发现，微笑真的具有非常强大的力量。"

对于这个学校的老师而言，上述这位女高中生或许是如"包袱"般的存在吧！在众多无视她的存在、即使目光交汇也会立马转向别处的老师中，只有刚参加工作的M不仅会注视她，还会主动向她微笑。她之所以在毕业之时对M说这句话，是因为她想向M传达她觉得"我没被放弃"的喜悦吧！

我们在对人微笑的同时，也传递了我们的好意。这种好意，可以告诉那些觉得"自己存在与否都一样，或许还是不存在为好"的人："我将你视为无可替代的人。"我们的这种好意能让接受我们的微笑的人对生活产生自信。

可以说，微笑具有将我们眼睛看不见的爱，以眼睛看得见的形式传递给对方的作用。

在和大家一起上街给穷人分完热汤后,特蕾莎修女会先和大家说一句"辛苦了",然后问她们:"没忘了对他们微笑,说一两句温柔的话吧?"

正如这句询问所表示的一样,特蕾莎修女的工作不仅仅是福利事业,还是一种必须带着爱去做的工作。虽然修女们送给穷人的汤与政府福利部门送给穷人的汤,在物质层面很可能是一样的,但只有得到修女们送的汤的人,才能在身体感到温暖的同时,内心也感到温暖。

在修女们笑着送汤的时候,接受汤的人不再是被怜悯的对象,而是值得被笑脸相迎、值得被尊重的人。

正如 M 所说的"微笑真的具有非常强大的力量"一样,微笑具有让人觉得自己是与别人一样的存在、让人恢复尊严的力量。

现在,觉得自己很孤独的人正在不断增加。无论是在家还是在学校都没有地位的孩子,从不缺物质但缺少爱的年轻人，没有倾诉对象却拥有无尽烦恼的母亲，被裁员、被贴上"没用"标签的大人，会操作机器但处理不好人际关系的年富力强的人，都是觉得自己很孤独的人。

请毫不吝惜地把微笑送给那些忘了微笑的人吧，请不断地向周围人传达"你不是独自一个人"的信息吧！

微笑具有一种魔力，它可以让接受者的人生变得丰富，而给予者什么也不会失去。

爱是看不见的存在之物

蓝蓝的天空深不见底,

星星就像沉在海底的小石子,

在夜幕降临前一直沉默着,

白天的星星,眼睛看不见。

即使看不见,它们也在那里,

看不见的东西,也是存在的呀。

这是金子美铃的童谣《星星和蒲公英》中的一节

内容。在这节内容之后，金子美铃接着讴歌蒲公英，说虽然蒲公英的秆已经枯萎，但它那看不见的根还在瓦砾的夹缝间生存着，等到春天来临，蒲公英便会绽放花朵。

金子美铃是一位童谣诗人。当年，年仅二十六岁的她自杀离世，留下一个年幼的女儿。在其逝世半个世纪后，她的作品得到了世人的认可。她的那些具有净化人心的神奇力量的童谣，迷倒了很多人。

在提到白天的星星和在瓦砾间生存着的蒲公英的根时，金子美铃强调："即使看不见，它们也在那里，看不见的东西，也是存在的呀。"这句话可以让只被看得见的东西吸引的我们想起"我们遗忘的东西"。

金子美铃的童谣是写给孩子看的，也是写给那些心里住着一个孩子的大人看的。

我曾兼任附属幼儿园的园长长达十五年之久。有一次，当我给孩子们讲上帝的故事时，孩子们问我：

"如果上帝存在，为什么我们看不见？为什么一次都没有出现在电视上?"

当时,我不知如何回答他们。

后来,我问一位同时也是一名著名物理学者的天主教神父:

"神父,世上有眼睛看不见的存在之物吗?"

神父的回答是:

"有哇,爱就是呀。"

在《小王子》这本书中,和小王子是好朋友的狐狸说了这么一句话:

"重要的东西,眼睛看不见。重要的东西,如果不用心灵的眼睛看,就看不见。"

特蕾莎修女生前也曾访问过日本,因其一生是奉献爱的一生而受到来自全世界的人民的尊敬。2003年10月19日,天主教会在罗马为特蕾莎修女举办宣福礼[1],将其封为"真福者"。以破格的速度被封号的特蕾

---

[1] 宣福礼是天主教会追封已过世之人的一种仪式。——本书脚注均为译者注。

莎修女，正是以她对上帝的爱、对穷人及被抛弃的人的爱，而发挥了超凡的力量。

特蕾莎修女于1997年9月去世。虽然她在去世之前做过多次手术，但是外科医生的手术刀，从没有触碰到她的爱。我们在谈恋爱时，即使做X射线检查，也照不出爱。那么，是不是爱就不存在呢？答案是"存在"。

能通过X射线看到、通过手术刀触碰到的东西，在人死后都会被烧成灰。而我们眼睛看不见的东西，不仅烧不掉，还能一直存在下去。

"即使看不见，它们也在那里，看不见的东西，也是存在的呀。"

这是一句我偶尔想吟诵、想回味的童谣。

把鞋摆放整齐的自由

在我于1990年辞去冈山的工作后,一些学校邀请"失业"的我前去工作。东京的自由学园便是其中一所。后来,我在这所学校的最高学部一直工作到2004年3月。4月,我便离开了。

众所周知,自由学园是羽仁元子、羽仁吉一夫妇于二十世纪二十年代创办的学园。在这所以"边思考、边生活、边祈祷"为校训、以自劳自治为宗旨的学园,我学到了很多东西。在我所学到的东西中,羽仁元子对学生们说的"你们有把鞋摆放整齐的自由"这句话，便是其中之一。

听到"自由"二字，或许既有将自由与"任性随便""无所拘束"画上等号的人，也有从费解的哲学定义的角度思考自由的人吧。但对于我而言，"把鞋摆放整齐的自由"是关于自由的一种出人意料的说法。

我们有把鞋摆放整齐的自由，这意味着我们也有脱鞋后随便放的自由。在用完椅子后，我们既有站起就走的自由，也有将它放回原位的自由；在做一份工作时，我们既有开心地做它的自由，也有边发牢骚边做它的自由。

仔细想想，我们每天的生活，都可以说是这种"选择"的累积。所谓作为一个拥有独立人格的人生活，即在面对生活中遇到的每一件琐碎小事时，我们会停下来思考和选择更好、更像样的行为。而行使这种自由的结果，便是逐渐形成了"我"。

在冈山工作期间,我曾担任大四学生的"道德教育的研究"课程的监考老师。学校规定,这门课程的考试时间为九十分钟,六十分钟后考生可以将试卷放在桌上,自行离开考场。在考场上,我看到一名学生刚要站起来又坐下了,她把桌上的橡皮屑用手收集到纸巾中后,再次站起来,并边对老师以目致意边退出考场。十分佩服她的举止的我,当时还特意走下讲台确认她的名字。毫无疑问,这位学生考了一个好分数。

这位学生行使了"将橡皮屑收拾好后再离开"的自由。收拾橡皮屑是一件麻烦事,但她践行了我和学生们定下的"正因为麻烦,才要去做"的约定。她在与想要避开麻烦事的内心做斗争之后,成了自己内心的主人。与此同时,她体贴地为下一个将坐在这个位置上的人收拾了桌子。她的这种行为很优雅,体现了她的良好素质。

如果有省事的选择项,我们都会在不知不觉间成为懒惰、选择安乐的人。其实，在社会上闪耀光芒的人，经常是那些把鞋摆放整齐的人、将椅子放回原位的人、不抱怨教室太暗而总是不厌其烦地站起来开灯的人。

请大家在生活中做一名自由人吧！

每天记录三件值得感谢的事

大约四十年前,我和一百多位修女在美国波士顿的郊外共同生活了一年。这是想成为够格的修女的人必须历经的磨炼,也是帮我们纠正迄今为止的世俗价值观的一段宝贵时光。

我们在美国迎来首个岁末时,见习修女教师在训话时要我们每个人回顾这一年自己走过的路。对于像我这样独自从日本来到美国、还没习惯当地语言和生活便开始与人共同生活的人而言,最初的一年是困惑重重、失败多多的一年,是我因连续失败而被训斥、因文化差异而觉得孤独的一年。

所以,当见习修女教师在训话的最后说到"Count your blessings(数数你得到的恩惠)"时,我有些吃惊。听到最后,我才明白她让我们回顾这一年并不是想让我们回想我们所经历的痛苦、孤独、喜悦、悲伤,而是想让我们以感恩的心情把这些经历当作恩惠细细数一数,为迎接新年做好准备。

让我把这种想法变为日常小习惯的,是某位在意大利终了一生的修道士撰写的一本自传。据这本自传记载,这位修道僧每天都会在睡前从当天发生的事中挑出三件"值得感谢的事"写在笔记本中。于是,从读完这本书的那天开始,我也决定开始实践这个小习惯。

"值得感谢的事"可以是微不足道的小事。比如,收进来的衣服晾得很干;拥挤的电车中,在自己的面前恰好空出一个座位;在即将摔倒在车站的台阶上时,有个素不相识的人扶了自己一把;等等。

这个小习惯正让我变得比以前更幸福。因为我开始把理所当然的事认为是难得的事、值得感谢的事。另一方面，我意识到我们正在以不知感恩的心对待很多事情。

记录着每天的三件值得感谢的事的这个小笔记本，也是我的"灵魂日记"。因为我可以从中找到为"难言感恩之事"而感恩的自己。比如我想方设法在生病的日子、被人说坏话的日子或心情沉重的日子寻找"恩惠"，这样的内心斗争也记录在了这个小笔记本中。

为了不让别人决定自己的幸福，为了让自己无论处于何种状况都能幸福地生活，我们必须开动脑筋，必须付出努力。而"数恩惠"的小习惯便是能助我们一臂之力的努力之一。

虽然在我们的生活中，也有"大幸福"拜访我们的时候，但这种时候并不多。正因为如此，因在口渴时喝到一杯水而持有感谢之心，因在百元店找到想买的东西而感到喜悦，对初看微不足道的事表现出感动或感谢，才是让自己比现在更加幸福的秘诀。

曾有人告诉我:"不要让生气过夜。"因为谁也不知道明天和意外哪个先来,所以以感恩的心情结束一天的生活,绝不是件坏事。

或许有人会说:"不是每天都有三件值得感谢的事。"正因为如此,我们才需要寻找"恩惠",才必须重新审视迄今为止我们觉得理所当然的事。为了发现和细数藏在每件事背后的恩惠,我们必须用心寻找值得感谢的事。

漂亮的人

在某个地方,有一个长相丑陋的女孩。因为她的脸像脏乎乎的芜菁一样,所以村里的顽童们戏称她为"泥芜菁",还经常欺负她。

"泥芜菁"也毫不示弱,当顽童们欺负她的时候,她就朝他们扔石头、挥舞竹棍。

有一天,一位在游玩途中路过村子的老爷爷,看到了"泥芜菁"和一群顽童打闹的场景。于是,老爷爷对"泥芜菁"这么说道:

"如果你感到十分委屈,我就教你让你变漂亮的秘诀吧！接下来的每一天，请做到下面我说的三点。如果你能做到，你就一定能成为村里最漂亮的人。"

这三点是：

一直保持微笑

设身处地地为别人着想

不以自己的丑为耻

虽然"泥芜菁"对此半信半疑，但一心想变漂亮的她，还是按照这三点做了起来。从她下决心实践的这一天开始，她的对手就不再是村里的那群顽童，而是她自己。为了成为无论被说什么都笑脸相迎的自己、不计前嫌地帮助有困难的村民的自己、不因与其他孩子比较而变得自卑的自己，"泥芜菁"开始日日与自己做斗争，为变漂亮而不懈努力。

这么努力的最终结果是，"泥芜菁"被人称为"像佛一样漂亮的孩子"。这是真山美保[1]创作的名为《泥芜

1　日本剧作家、舞台导演。

菁》的戏剧里的故事情节。

有句话是这么说的:"脸的模样是父母的责任,脸上的表情是本人的责任。""泥芜菁"虽然没有改变脸的模样,但她变成了一个拥有漂亮表情的孩子。而让她变漂亮的"化妆品"之一是她的笑脸。

特蕾莎修女也是一个拥有漂亮表情的人。初次与她见面之时,她留给我的第一印象是,她是一个表情严肃的人,比我想象的还要严肃。我想这可能是因为她见过太多悲惨的人的姿态吧!

但是,她一笑,那张严肃的脸就会变成美不可言的笑脸。虽然她不是一个"漂亮的人",但她是拥有漂亮笑脸的人。

在很多孩子刚出生便死去、经常有弃儿出现的印度,特蕾莎修女的其中一项工作,是呼吁女人不要怀上她们不能生出来的孩子、不能养育的孩子。这项工作被称为"家人计划"。有一次,特蕾莎修女在讲解完这个"计划"后,还附加了这么一句话:

"但是,有人取笑我说,在特蕾莎修女的住处,孩子不是每天都在增加吗?"

因为总有被遗弃的孩子被带到特蕾莎修女的住处,所以孩子的数量不断增加是毫无疑问的事。幽默的特蕾莎修女在说这句话时所表露出来的如淘气孩子般的笑脸,充满了无法形容的清爽感和魅力。

特蕾莎修女的笑脸,充满了在悲惨之中发现希望的喜悦,和她对每个孩子的疼爱。正是这样的笑脸,让满脸皱纹、看起来比实际年龄更老的特蕾莎修女变成了一个漂亮的人、有魅力的人。

> 微笑和眨眼一样
>
> 不是勉强做出来的
>
> 也不是不得已而为之
>
> 而是如同花散发出的香气一样
>
> 在不知不觉间 自然流露
>
> (河野进)

实际上，自然流露出来的微笑，并不是"自然而然"就能养成的。只有像"泥芜菁"一样与自己做过一番斗争，像特蕾莎修女一样在痛苦中依然持有希望和勇气，微笑才会出现。经过这个过程培育出来的微笑，不仅会如花的香气一样到处弥漫，还具有让人变漂亮、治愈他人内心的力量。

托您的福

英语中，没有与日语里的"恩"意义相当的词。若硬要翻译的话，那就是"无论怎么还都还不完的负债"。"义理"[1]这个源自日本独特的感觉的词，在英语中也找不到与之相当的词。它的意思是"能偿还的负债"。也就是说，义理是能偿还的，而恩是无法偿还的。

我有很多恩人，如战争结束后帮助我渡过经济难

1　"义理"在日语中的意思是情义、人情、情分、情理。

关的人，引导我步入修行生活的人，辅助不适合管理岗的我完成工作的人等。我一直觉得，拥有这么多恩人的我，是一个幸福的人。

我的母亲是一个在与人交往中决不欠人情的人。当她得到什么帮助的时候，她会马上写感谢信，并回报相应的人情。母亲在把报恩的重要性告诉我的同时，还告诉我："自己能有今天是托恩人们的福。如果在以后的生活中能谨记这一点，人就能以充满感谢的心情生活，就能变得更幸福。"

此外，母亲还告诉我，人不仅应把给予自己恩惠的人、帮助自己的人视为恩人，还应把让自己痛苦、苦恼的人以及从长远看是恩人的人视为恩人。

"多亏了有这样的人在，我们才能成长。"

母亲的这句话很有分量，只有切身体验过的人才能说出这样的话。

有句话是这么说的："除我之外，皆为师。"这句话的意思是，人可以从除自己以外的任何人身上学习东西,人应以"接受恩惠"的心情谦虚地生活。

对于我而言,告诉我恩人随处可见的母亲,才是我的第一位恩人。

小学生的道德

一名不顾父母的反对而接受基督教的洗礼的学生，曾给我寄来一封信。

她在信中说："如果自己无法掌控自己的生活，那么，无论说多少次'上帝''爱'，都毫无意义。以前父母要我努力做好的一些小事情，在我上大学后，我就开始以敷衍的态度对待。"

接着，将"就像遵守小学生的道德一样"作为开场白后，她这么写道："今后我要让自己做到早上按时起床、认真地听每一堂课、无论做什么事都不拖延、做事情不受心情影响、晚上不熬夜等。"

我也是不顾父母反对接受洗礼的人。那个时候，母亲经常指责我说："你这样也能当基督教徒？"因为当时我和这名学生一样，在日常生活中，不做应该做的事，无法忍受应忍受的事，所以母亲说这句话其实是想劝诫我："如果不和自己做斗争，无论说多少遍'我是信徒'，都只是伪善的表现。"

"小学生的道德"是很重要的道德，我们非但不能轻视它，还应以连这种最起码的道德都不具备的自己为耻。

如今，"爱"这个字还是和以往一样，不是被随便用在低声交谈中，就是被很随意地唱出来、写出来。虽然"爱"如此频繁地被提及，但爱的反面，即憎恨、欺侮、漠不关心，非但没有减少，反而不断升级成为悲惨的事件、可怕的事件。与此同时，让人想起"人性退化"这个词的事件也是不胜枚举。

另一方面，科学技术的发展日新月异，曾经被视作"神的领域"的生死诸事,也正成为人们操纵的对象。而且如今这个时代,能力优于人类的电脑和机器人不断面世,甚至比人更受器重。

陈旧或派不上用场的电脑和机器人,我们即使将它们作为废物处理,也没有关系。而人就不一样了。即使是重度残疾者、患有智力障碍的人,我们也决不可以将他们作为废物处理。这是为什么呢?

我心中涌现的答案是"因为人有尊严"。

结合开头部分提到的学生的话,我们或许可以得出这么一个结论:既然主张"人的尊严",我们就必须让自己在日常生活中的举止与之相匹配——虽然一旦成为大学生,我们就很容易忘记"小学生的道德"。

世间的旅人

我曾看到这么一句话:"在人生的旅途中,每个到达点都是下个出发点。"

人们都说三月是毕业月。"毕业"在日语中写作"卒業"二字。它所对应的英语单词是"commencement"。"commencement"这个词除了表示"毕业"外,还有"开始"的意思。

被称为"homo sapiens"(智人)的现代人,除了"homo sapiens"外,还被冠以各种使人特征化的通称,"homo viator"(旅人)便是其中之一。这个称呼告诉我们：我们的人生是一场旅行，我们在到达终点前抵达的每个到达点，即下个出发点。

那么，作为旅人在世上生活的我们，该以什么样的心情旅行呢？有人曾送给我这么一段话：

无论走哪条路，都要承受其中的艰辛。请带着爱行走吧，不要在意走了多远。

在我看来，这段话的意思是：不要在意自己的步伐是否比别人快，也不要在意自己的路是否比别人平坦，而是要边在人生路上走出只有自己才能走出的脚印，边带着爱一个劲儿地往前迈步。

我觉得，在年末或毕业的节点，我们每个人都可以试着回顾一下自己迄今为止的人生走法，思考一下"如何走接下来的路比较好"这个问题。

发达的文明使独自生活变成了可能。在如今这个便利社会，一个人便能完成过去没人帮助就无法完成的事情。自动门便是其中一个例子。无论是坐轮椅的人，还是拄着拐杖的人、两手拿着东西的人，都可以在没有任何人帮助的情况下轻松地通过自动门。这是一件值得感谢的事。

商场的地下超市和便利店售卖各种各样的副食和冷冻食品，这也为独自生活的人提供了便利。这也是一件值得感谢的事。

但是，我们却因这些便利失去了一些东西。文明让我们不需要别人帮助的同时，也慢慢让我们失去了体贴他人的心。可以说，让我们开始对周围的人或事持漠不关心的态度，便是文明这服"良药"的副作用之一。而这样的结果是，在我们的周围，孤独的人、失去生活自信和勇气的人变得越来越多。

在特蕾莎修女创建的"仁爱传教修女会"，修女们每天都为饿肚子的人提供热乎乎的汤和饭。在她们结束一天的工作回到住所后，特蕾莎修女会边慰劳她们边问："今天当你们把汤碗递给他们的时候，对他们微笑了吗？是否触碰了他们的手，是否说过一两句简短的话？"

换言之,饥饿的人所需要的不仅仅是一碗汤或一碗饭。他们还需要能表现出施与者的体贴和爱的微笑、手的温暖和话语。因为"人活着,不能只靠面包"。

当修女们把"你可以一直活下去,请一定要活下去"的信息传达给被施与者的时候,递汤碗这个举动,不再仅仅是一项"工作",还是想要与他们一起活下去的人的"爱的表现";她们望向被施与者的目光,不是怜悯的目光,而是将对方视为人的、尊敬的目光。

"優しい"[1]这个字由单人旁加一个"憂"[2]构成。当我们不逃避"憂",伫立在"憂"的旁边时,无论"憂"是自己的忧愁,还是别人的痛苦,我们都能成为"温柔的人"。

"无论走哪条路,都要承受其中的艰辛",这句话说得很对。相田光男曾写过一首诗,大致意思是:即使是在外人看来没有痛苦的极其幸福之人,也有不为人所知的痛苦和悲伤。

1　日语单词,意思是温和、温柔。
2　日语单词,意思是痛苦、苦闷、忧愁。

无论谁

都有

无法对人说的

痛苦

无论谁

都有

无法对人说的

悲伤

他们只是

沉默着不说而已

因为如果说了

便是在发牢骚

身为旅人的我们应时不时地回顾自己走过的路，并边以比以前更温柔的姿态体贴他人、给他们需要的笑脸和温暖，边继续我们的人生之旅。人生这条路，我们只能走一次。请带着爱，认真地往前走吧！

在人生之旅中，既有艰苦的日子，也有痛苦的日子。但是，在反复经过到达点和出发点后，我们会到达旅行的目的地、人生的终点——死亡。到那个时候，我们的生命将成为永不会结束的生命。

第二章

于己于彼

甘之如饴

曾有人和我说:"我们不应期盼痛苦会自动消失,而应努力让痛苦变得不是痛苦。"

我们无法让痛苦消失。痛苦是无论我们去哪儿、正在做什么,都会如影随形的东西。因此,我们应努力让这个难以生存的世界变得容易生存——想让别人为自己创造舒适的环境,只能说是"撒娇"的表现。

那么,怎么做才能让痛苦变得不再是痛苦呢?其中一个方法是从不同的角度看同一个问题。如果我们能从不同的角度看同一个问题,我们就能有新的发现。

假设你的身边有一个你视为累赘的人,你祈祷"上帝,请让这个人从我的眼前消失吧",但愿望没有实现。这个时候,你可以试着转变你的想法。试想一下,如果这是一个事事都能如愿的社会,那是不是无论别人想对你做什么,也都能如愿呢?

想到这里,你就会认识到:"正因为这是一个我们不能事事都如愿的社会,我们才能彼此安心地生活。"认识到这一点后,你不仅能变得更容易接受现实,还能从自我中心主义中走出来,认识并接受"人和人之间本来就是互相麻烦的"这个事实。这样一来,内心的疲惫也能多少消除一些。

改变自己的心态,也很重要。一位生下了残疾儿的毕业生曾对我说:"当我知道自己生下的是一个残疾儿的时候,感觉眼前一片漆黑。我甚至有过'一起死了算了'的想法。但后来我改变了想法,想起了'上帝绝不会把我承受不了的考验给我'这句话,我想上帝肯定是相信我能抚育这样的孩子,才把他托付给我的。"

虽然抚育重度残疾儿的痛苦并不会因为这么想而消失,但她的内心确实因不再把孩子看作使自己痛苦的对象,而得到了拯救。因为当我们能在痛苦中找到意义时,痛苦就不再是痛苦。

有一个中年男人,他非常爱他的妻子,但他的妻子却先他而去。这种痛苦不是寻常的痛苦,无论别人用什么样的话安慰他,都无法治愈他的悲伤。当他被带到奥地利精神科医生维克多·弗兰克尔的面前时,弗兰克尔对他说道:

"看到你因妻子去世而如此悲痛,确实令人心酸。要是你比你的妻子先死就好了。"

听弗兰克尔说完,这个男人急忙回答道:

"哪里的话。我可不能让我深爱的妻子体会我现在正在体会的痛苦。"

于是,弗兰克尔接着说道:

"那么,你现在体会这些痛苦,不就是为了不让你的妻子体会你所体会的痛苦吗?"

听到这句话后,男人的态度突然发生了改变。他回答道:

"是的。我正在代替妻子承受痛苦。"

当他愉快地离开时,他的痛苦已不再是痛苦。从另一个角度重新审视同一个事实,把他拯救了。

当我们处于不知内心的疲惫或压力何时消失的状况时,确实很痛苦。在这种时候,我们有必要自己做出积极的改变,让自己为自己"医治"。

我进入修道院是在我即将三十岁的时候。虽然在那之前我并不是过着与痛苦无缘的生活,但那时我既有工作,又有宣泄压力的地方。当这样的我进入修道院这个狭小的空间后,我不仅曾因"没有出口"的人际关系而产生窒息感,还曾对他人怀有不满。

在那时,我遇到了这么一首诗:

人与人之间的关系

美美地看吧

美美地看我与他人之间的关系吧

不要累着了

（八木重吉）

当时我是"累着了"。但是，我不由得意识到，这种累不是因我努力做什么而产生的累，而是因着急别人不是自己所想的样子而产生的累，因心怀不满而产生的累。

我没有为美美地看人与人之间的关系、自己与人之间的关系而做出努力。能做出改变的不是别人，只能是自己。在阿西西[1]的圣方济各[2]的"和平祷词"中，有以下这几句话：

我们不求安慰 但去安慰

不求理解 但去理解

不求被爱 但去爱

---

1 意大利翁布里亚大区佩鲁贾省的一个城市。
2 天主教方济各会和方济各女修会的创始人。

看到这几句话后,我意识到,我并没有努力去安慰别人、理解别人、爱别人。

有时候,像这几句祷词所说的一样,让自己内心关注的重心从自己转向他人,可以消除内心的疲惫。

但是,我们也有因筋疲力尽,而连改变的能量都没有的时候。在这种时候,就温柔地安慰自己,让自己休息吧!毕竟,我们有时对自己过于严格了。

人生中没有一种经历是徒劳无益的。痛苦亦是如此。当我们跨越某段痛苦的时候,这段痛苦便能成为我们的"业绩",我们便能用它丰富"人生简历"中的"苦历"栏。

在人生的终点接收我们的"简历"的人,是不看学历、职历,只凭借"苦历"判断我们这一生是否努力并犒劳我们的和蔼之人。

我想对今天我所受的痛苦甘之如饴,继续书写只有自己才能写的人生简历。

麻烦的人际关系

只要是在有两个人以上的地方,就既会产生相互安慰、相互鼓励、相互照顾的美好关系,也会产生误解、中伤、冲突等令人讨厌的关系。两个人在产生冲突之前的关系越好,因冲突产生的裂缝就越难修复。而且,很多时候,我们的内心会因此而失去平静。

我也曾因听到我一直觉得是好朋友的人说我从未听过的过分的话而陷入悲伤之中。在电话机旁边,我想回嘴,但最后从我嘴边说出的却是"对不起"这句道歉的话。

但是，这句话并无法修复我与她的关系。直到今日，我和她的关系依然不好。那么，是不是道歉就会给自己带来损失呢？我觉得未必如此。我一直为自己能不卷入对方的情绪中、能理解对方的心情、能让步道歉而感到高兴。

或许可以说，我们对"我能做自己"的满足感，是对让人觉得既悲伤又痛苦的、别扭的人际关系的补偿。我自认为了解其脾气的人，曾因为我的无心之举而受到伤害。对于我而言，这是很好的经验。

归根结底，人际关系存在于活生生的人之间。这种关系往往包含很多不合道理的感情在内。因此，即使在道理上主张"对方不好，对方应先道歉"，也无济于事。我们应认识到，想要修复别扭的人际关系，讲道理并不一定行得通。

虽然配合对方也很重要，但我觉得如果一味地配合对方，就会失去自我。人际关系是两个拥有人格的人之间的关系，如果没有自我，这种关系便不能成立。

我曾在《时常吟诵的和歌》（岩波书店）中看到这么一首和歌：

今日亲密交谈

夫唱妇随的夫妇

最终成了陌生人

（柴生田稔）

"最终成了陌生人。"

这个让人心生凄凉的结论，也是一个严峻的现实。或许我们只有在接受"一个人来，一个人走，人是孤独的"这个条件的时候，才不会对他人有过高的期待，才能认识到自己并不能完全理解他人，并与人构建良好的人际关系吧！

让自己一直记住"无论关系多么好，对方和自己都是不同的人"，是一件重要的事。如果记住了这一点，即使对方表现出让你意外的反应，即使双方出现理解上的偏差，你也能心平气和地接受。虽然这会让你觉得孤独，但只有经受了这些孤独，你才能保护好自己。

人不能一直孤独地活着。因此，我们需要交朋友。但我们应友好相处的第一个对象，不是别人，而是自己。在和自己喜欢的人在一起的时候，无论谁，都会很开心。因此，能与自己和谐相处的人，笑脸自然会增多。而且，这样的人不仅说话时不会带刺，还能轻松地理解对方的话。这让人觉得很不可思议。我想，可能是"自己有家可回"的安心感使然吧！

我们一旦有了"安居之地"，就能坚持自我，不对他人卑躬屈膝；就能让一步，不让冲突发展成为争吵。如此一来，在不知不觉间，我们就能在人际交往中形成属于自己的处世风格。

败中有胜

从小我听着我母亲说"败中有胜"这句谚语长大。这句谚语,我的母亲不是在我的运动会成绩或学习成绩不如人的时候说,而是在我生气或想回击别人的时候说——为了让我打消念头。

"这时要忍一忍,让对方取胜。如果这么做了,将来你会有收获的。"

正因为母亲在其漫长的人生中已验证过这句谚语,所以母亲的话让这句短短的谚语成了很有说服力的话。

但是,失败有时候是需要勇气的。此外,失败还需要信仰。因为这是一场与自己的斗争，在失败的节点上，你并不知道是否能转败为胜。我的母亲有信仰，因此，她能满怀信心地将这句话告诉她的孩子们。

日语中说的"できる人"[1]和"できた人"[2]，虽然只有一字之差，意思却截然不同。通常，我们称一直获胜、不知失败为何物的人为前者，而称为人成熟、有包容力、知道失败的重要性、适时把胜利让给对手的人为后者。

---

1 指工作能力、学习能力强的人。
2 指人品好、有人格魅力的人。

命运有时冷酷，但天意温暖

曹洞宗的尼姑青山俊董在她所写的《禅的眼神》一书中，讲了一个名为"不要紧的石头"的故事：有个因工作上的关系被允许进出医院的人，一直随身带着一块可放入手掌的小石头。每次有即将要做手术的人，他都会让对方握着这块小石头。这块小石头上用平假名写着"不要紧"。握着这块石头的人在看到这几个字后，高兴地说：

"不要紧的。手术一定会顺利的。谢谢。"

而这个人却说：

"这上面写的'不要紧',并不是指一切都会如你所愿,而是指你像石头一样,无论摔向哪里,都不要紧。"

看完这个故事,我意识到,自己迄今为止的想法确实有一些不足之处。在这以前,当有人和我说"请为我的手术祈祷吧"时,我会回答说:"好的,我知道了。您的病一定能治愈的。您肯定不要紧的。"也就是说,我一般是在相信"一定能治愈"的心态下使用"不要紧"这个词的。

而这个故事却告诉我,我们在心里祈祷时,不应祈祷"请让我的愿望实现""请治愈我的疾病""请治好我丈夫的伤口""请让我的孩子停止暴力行为"等,而应在心中揣着对上帝的信赖——相信上帝不会让你受损——沉着地祈祷上帝保佑自己"无论摔向哪里,都不要紧"。

祈祷不会改变上帝,但能改变自己。认为"只要我们祈祷,上帝就会聆听"的想法,未必正确。一切都让我们如意的上帝，不能当"上帝"。无论我们怎么恳求，上帝都会按照自己的想法行事。我们希望得到"我们想要的"，而上帝只会把"我们需要的"给我们。

二十六年前，我得过抑郁症。在我正处于干劲十足的年纪（五十岁），工作也正干得风生水起的时候，我得了这种我不想得的病。在那个时候，有个信奉天主教的医生安慰我说：

虽然命运很冷酷，但天意很温暖哪！

当时，我无法理解这句话的意思。因为那时的我只想快快痊愈，常常因上帝不让我如愿而恨上帝、埋怨上帝。可以说，那个时期是我一生中唯一笑不出来的时期。

在那之后，我渐渐明白了命运和天意的区别。我渐渐意识到，世上发生的我们无能为力的事、从天而降的天灾和人祸，我们不应将它们当作命运接受，而应当作天意、上帝的安排接受——正因为是天意，所以"不要紧"。

我想要的，或许在当时不会实现，但是，我相信总有一天上帝会让我实现。我相信总有一天上帝会让我实现，即意味着我将一切当作天意接受。在《圣经·旧约·传道书》的第三章中，写着这么一段话：

> 凡事都有定期，天下万务都有定时。……我见神叫世人劳苦，使他们在其中受经练。神造万物，各按其时成为美好，又将永生安置在世人心里。然而神从始至终的作为，人不能参透。

我觉得这段话说得很对。上帝让我生病的那段时间，我非常痛苦。但现在回想，却觉得"幸亏那时生病了"。托那场病的福，我对人的态度变温柔了。在那之前，我对人十分严厉，总会产生"他吊儿郎当的，为什么不再努力一点"之类的想法。而在那之后，我就不会这么想了。因为我知道了自己也有软弱的一面。

我认为，上帝是为了让我改变，才把疾病作为天意赐给我的。而且我觉得，自己能这么想是一件值得高兴的事。

在大家毕业的时候，我曾对大家说："大学毕业是一件容易的事，但一直保持我们大学的毕业生的风度，未必简单。请在踏入社会前做好思想准备。"我希望从圣母清心女子大学毕业的各位，都能成为紧紧握着"不要紧的小石头"生活的人。

即使大家偶尔不小心弄丢了它，也没关系；即使因忘了放哪儿而到处寻找它，也没关系。但是，请一定要再次找到它。有时候，如果没有紧紧握着它，可能就要经历活不下去的痛苦时期。

我们学校的创立者圣母朱莉（St. Julie Billiart），在多苦多难的生活中，一直相信上帝——相信上帝无论让自己在哪儿摔倒，都不要紧——从不忘微笑，不忘对自己说"上帝是多么好哇"这句话。我觉得，我们也可以像圣母朱莉一样，不是通过改变上帝，而是通过改变心态，让自己积极地思考、积极地生活，让自己多一些笑容。

（选自讲话）

如果有爱，就不会觉得辛苦

在第二次世界大战中，有位名叫维克多·弗兰克尔的奥地利精神科医生，因犹太人的身份而被关进集中营。战争结束后，他将自己的集中营体验写入了《追寻生命的意义》《心灵的疗愈——意义治疗和存在分析的基础》等著作中。在他的著作中，有以下这段话：

> 虽然身处可以说是让人处于极限状态的集中营内，每个人都让做极为沉重的劳动，让吃极少的食

物，都被迫过着不如人的生活，但既有保住性命的人，也有还没被送到毒气室就死的人。决定他们生死的，是希望的有无，而非身体的强弱。

也就是说，"终有一天战争会以我方获胜的方式结束，到那个时候，我就能恢复自由，能和妻子重逢，能回到以前的生活，继续做以前没做完的工作"，只有一直在心中持有这种如梦一般的希望的人，才能忍受严酷的生活，并最终迎来战争结束。

在囚犯中，也有因过度绝望而走向高压电网企图自杀的人。但是，对于另外一些人而言，想与生死不明的妻子再次见面的愿望、想完成之前没做完的工作的热情以及对自己生命的爱惜，都变成了"希望"。这"希望"变成了他们忍受自己所处状况的原动力，支撑着不知是否有明天的他们度过了一个又一个"今天"。

保罗在给罗马信徒的信中写道："就是在患难中也是欢欢喜喜的。我们知道患难生忍耐，忍耐生老练，老练生盼望。"如果有爱,我们就不会觉得辛苦。是爱给了我们希望,让我们在希望的支撑下忍受一切。

人生的报告书

数日前，有位毕业生给我写了一封信。她在信中说，她的第一个孩子是残疾儿。虽然她不是基督教徒，但她在信中说了这么一句话："我想上帝肯定是相信我能抚育这样的孩子，才把他托付给我的。"

尽管她很坚强，但每次看到别人家的孩子成长的姿态，她都会感到悲伤。她在这次的信中问我："老师，变强到底是一个怎样的过程？我觉得很难。"

在读某本书的时候，我曾在开头读到"Life is difficult"（人生很难）这句话。人生确实很难。这位毕业生的问题也是我本人的疑问。我们虽然想坚强地生活,但当一切都进展不顺利、人生陷入绝境的时候,我们怎么做才能变得强大?

我给这位毕业生的回复是:"你也可以不变强。想哭的时候就哭吧!"接着,我还写了这么一句话:"请重视一字之差。"[1]

所谓重视一字之差,是指我们不应以"使痛苦变没"为目标,而应以"使痛苦变得不再是痛苦"为目标。

谁都想过没有痛苦的生活。但是,在不完美的人世间,这是不可能的事。我们或多或少都会遇到让我们感到痛苦、不如意的事。我想,不把痛苦视为痛苦,而是把它当作有意义的经历的想法,或许可以帮助我们坚强地生活下去。

在讲授人格论的课上,我讲过维克多·弗兰克尔所阐释的"人的自由":

---

[1] 在日语中,"使痛苦变没"(苦しみをなくする)和"使痛苦变得不再是痛苦"(苦しみでなくする)仅有一字之差。

所谓人的自由，并不是指可以免于诸多条件限制的自由，而是指在面对这些条件限制时，人有决定自己存在状态的自由。

那位毕业生虽然无法改变"生下了残疾儿"这个事实，无法摆脱这个条件，但她拥有选择如何接受这个事实的自由。

今天的你们，因受清心精神的影响而聚在了一起。清心精神也可以说是创立者圣母朱莉的精神。圣母朱莉虽然一生坎坷痛苦，但她一直坚强地活着。她从不怨恨上帝，总是不忘微笑。她相信世上没有徒劳无益的经历。我们作为她的女儿，也像她那样坚强地活下去吧！

我想请大家继续写人生的报告书。请在困难重重的人生中，活出属于你们自己的精彩。我一直认为，好的人生，绝不是没有痛苦和十字架，或只有很少痛苦的人生，而是行使"使痛苦变得不再是痛苦"的自由的人生。

我们的同学会每两年开一次。就像你们每个人在从同学会中得到继续前行所需的力量和安慰后回家一样,我从你们那里得到满满的爱和能量后,也要继续书写自己的人生报告书。

(选自同学会寄语)

简　素

刚进修道院的时候，长辈就告诉我："修道院的精神之一是单纯、简单。我们应像总是朝着太阳的太阳花一样，以一直注视'太阳'的方式，即以一对一的方式，学会如何与'太阳'一起生活。"从那以后，"一对一"这个词在我的心中留下了深刻的印象。

最近，在社会提倡"极简生活""不拥有太多物品""不铺张浪费""减少垃圾"的影响下，生活的简朴化已成为人们的追求。这是一个非常好的现象。因为生活简朴化也能对自然环境保护起到积极的作用。

而且，生活简朴化也有助于我们保护和美化我们的精神环境。

当我们忘了以"一对一"的方式边注视着心中的信仰边生活的时候，我们就容易猜疑人与人之间的关系，不能坦率地审视自己与别人的关系。坦率地审视，并不是让自己成为被别人小看的单纯之人，而是让自己如实接纳人或事。

在社会中，不仅心口不一、言行不一致的人很多，不得不互相试探彼此的心事、想办法弄清楚对方的想法的时候也不少。处在这个复杂的社会中，如果我们想要保持一颗简单的心，有一个秘诀。这个秘诀就是按照"一对一"这个词所表述的简朴生活方式生活。具体说来，便是在"信仰"这个比人更大的存在的注视下生活。

独活多苦,分担是福

上天不会给我们力不能及的考验。

人活着少不了烦恼,不可能有谁的人生是无忧无虑的,无法如愿才是理所应当。甚至可以说,能感到烦恼才是真的人生。但上天一定会赋予人们战胜烦恼的力量,为人们预备避开烦恼的道路。

苦难的尖峰,一定连着缓坡。人拥有能够翻越任何艰难险阻的力量。越是跨越困苦,越能变得坚强。

人都是不完整的、弱小的,没有谁能一肩挑起所有的事情,所以我们需要将一部分托付给别人,拜托他们帮自己分担。

如若争夺，此会不足；如若分享，此有剩余。

这是相田光男先生的名言。

我年轻的时候好胜心强，不擅长托人办事，犯了不少错误，后来因为一直从事管理工作，必须懂得要将什么托付给别人，托付到什么程度，自己又应该做些什么。经历了很多次失败之后，关于托付，我明白了许多。

其中的一个关键，就是在托付他人时，必须信赖对方。每个人都潜藏着走向成熟的力量，从相信对方、尊敬对方开始向前吧。接受对方的全部，同时让对方深藏的可能性释出芳馨。

还有一点："托付"并不是交给对方"完全包办"，应该对每个关键步骤把关，让对方知道你将事情托付给他之后也没有袖手旁观。而最重要的一点是，当你托付的事情有了好的结果，要将好的成绩归于对方，要是事情没有办好，则要勇于承担错误。

这些年的工作还让我懂得，为了培养参与意识，有时候，即使是自己想做的事情，也要托付给他人完成，这一点也很重要。

没有人能独自生活。托付，是向对方道谢，也是对自己负责。

失落时，就让它失落

无论有没有信仰，人总会有烦恼的。这点，谁都一样。

人不开心的原因有很多。身体不适的时候，对平日里不在意的东西也会变得敏感，怎么也高兴不起来。这种时候，我总是在晚饭后，洗完碗碟，回到卧室提早睡觉。三十六计，走为上策。不要勉强自己，无计可施时，至少可以让身体好好休息。

没有什么特效药，可以让失落的心情迅速重回正轨。

失落时，就让它失落。不要嫌弃这么颓废的自己，要相信"事情总会变好的"，试着喜欢自己，与自己和睦相处，总有一天，遮蔽在心头的乌云会散去，阳光会比往日更明亮。

相信每个人每一天都可以体验到，世间万事很难完全称心如意。不经意间，牢骚和抱怨就会脱口而出。

谁都有不想让人知道的苦楚和伤痛，我们都怀抱着这些苦楚和伤痛活在世上。明白了这个道理后，我们待人的眼神不就可以变得更友善一些了吗？

不是什么事都必须诉诸口舌，做一个就算有理由抱怨也可以默不作声、泰然自若的人。这绝对不是压抑自己的感情。

"为什么，到底为什么？"想责备他人的时候，"谁都会有不想让人知道的苦楚和伤痛"这句话让我一点点变得平和起来。我们的平和，是送给他人的礼物。

人，都有不同的苦楚，不同的伤痛，大家都身负"看不到的什么"活在世间。切记，不要忘记这件事，摆正自己的生活态度，多用心体会并理解他人。

体谅、宽容、坚定

只要活在世上,就一定会遇到烦心事;只要还是个活生生的人,就一定会受到伤害。即使是那些不好意思去诉说的小事,也有可能让自己的心情久久不能平复。

谁都不想受伤害,而我却想珍惜这个容易受伤害的自己。

体谅就是把自己的心思多放到对方身上的意思吧。我对别人打招呼,他却不理我,这事虽然让我觉得伤心,但也决心"在别人对自己打招呼的时候,无论如何也要对他回个礼"。这就是一种体谅。但是要想做到这样,真的很需要心灵的宽裕。

与此同时,我们要用包容的心去接受与自己不同的人,一边去原谅,一边谦虚地告诉自己,自己也正被别人原谅着,并这样活下去。

虽然宽容的定义是指待人宽大、原谅与接受,还有不要无端地指责,但是,宽容绝不是睁一只眼闭一只眼地放纵。即使是原谅和接受,真正的爱与关怀有时候也是需要严厉的。

身体受到撞击时,如果不好好站稳,就有可能跟跟跄跄,甚至摔倒受伤。心与心发生碰撞的时候,如果不好好站稳也是不行的。这里的"站稳"是指坚定自己的世界观,不轻易被他人左右,不随波逐流。

我们被各种无事生非、流言蜚语和中伤所扰,是不是过于在意他人的想法了呢?是不是经常夸张地跌倒或喊叫,只是因为被对方轻轻地碰了一下?或者说只是自己故意去撞了一下别人呢?有没有热心地把撞倒的人拉起来呢?

> 下雨了就站在雨中,
>
> 刮风了就站在风中。
>
> (相田光男)

无论刮风下雨,像一朵盛开的鲜花一样,站稳就好。

第三章

如何育人

我相信你

这是发生在某个难民营的故事。一名报社记者为了了解正在涌入他的祖国的那些失去家园和钱财、与家人走散的难民们的实际状况,前往难民营调查。

当记者看到一名少年正远离人群、坐在尘土中一动不动时,便上前通过翻译员和少年搭话。虽然少年没有任何反应,连头都没有抬起,但记者不但不在意,还把重要的公文包放在了少年的膝盖上,和少年这么说道:"我相信你。你能在我巡视完所有帐篷前帮我保管这个重要的公文包吗?因为我空着手比较方便记笔记。"

还没等翻译员翻译完,少年就抬起了头,并紧紧地抱住了公文包。这时,在他的脸上,呆滞的表情消失了,他开始直视记者的眼睛。

翻译员翻译说:"我会一直好好保管的。"少年不仅担起了保管的责任,还抱着公文包,跟在记者的身后跟跟跄跄地跑了一整天。他偶尔还会敲敲包,检查一下是否有问题。就这样,少年因为被信任、被需要、被委托保管重要的东西而发生了改变。

后来,据难民营主任说,在那天之后,少年变成了一个告别过去、开始朝着未来迈步的人。

对于人而言,最悲惨的事既不是极度贫困、饥饿,也不是目睹至亲被虐杀,而是自认为是"没用的存在"。当你的身边有持这种想法的人时,你可以把你的信任送给他。因为信任具有唤起他们对生活的勇气的神奇力量。

围绕自由的教育

思考孩子的"自由"和"责任"

所谓"拥有人格的人",即拥有主体性的人。现在,父母总是对孩子"唯命是从",只让孩子做他们想做的事。我觉得这并不是人的应有姿态,因为人的应有姿态是拥有主体性的姿态。

任由孩子做什么,并不能培养孩子的主体性。当"想做的事"和"必须做的事"或"不能做的事"同时出现的时候,我们应该让孩子知道如何决定先后次序。

当大人"想喝酒,但要开车回家,所以不能喝"时,该如何选择?在认识到"如果喝了酒,就必须坐出租车回家"这一点后做出相应的选择,才是拥有独立人格的人的应有姿态。

正如字面所示,所谓"自由",即"由自己"。详细地说,便是"不依靠他人,自己决定、自己选择"。因此,"自由"含有"自己能控制、能停下"的意思,与"自由任性""随心所欲"等词的意思正好相反。也就是说,自由也伴随着"不能归咎于谁"的责任。

以下这段对话是日本妈妈和德国妈妈关于"自由与责任"的交谈。这是一段我非常喜欢的对话。

德国妈妈:"为什么在您家,您要边说'拜托了,请起来'边让孩子起床?"

日本妈妈:"那么,您在家是怎么做的呢?"

德国妈妈:"我的女儿还只是个小学生,但从她会用闹钟的那一天开始,她就自己定闹钟,让闹钟叫她起床。"

日本妈妈:"但是,她还那么小,如果忘了定闹钟,该怎么办?"

德国妈妈:"如果忘了定闹钟,她本人就应为此负责,所以我不会叫她起床。"

日本妈妈:"那有没有因在闹钟响了之后按掉铃声继续睡而睡过头的时候呢?"

德国妈妈:"有哇。不过,我不会叫醒她。因为在闹钟响起后选择再睡一会儿,是她本人的自由。"

所谓"自由",即自己可以在判断后做出选择,所以孩子在听到闹铃后既可以马上起床,也可以选择在床上再睡五分钟或十分钟。而这种选择的自由,也伴随着责任。

在买完闹钟后,如果妈妈和孩子说"从明天起,妈妈不再叫你起床,自己定闹钟吧",而且孩子也同意了,那么他本人就必须为"忘了定闹钟"负责。

如果持有"即使忘了定闹钟也没事,因为还有妈妈会叫醒自己"的想法，责任感就会变弱。为了让孩子对此负责，妈妈即使想叫孩子起床，也不能叫。"想叫而不叫"，对于妈妈而言，是件痛苦的事。但是，与其光在口头上教孩子，还不如让孩子本人边经历边记住教训。让孩子意识到"妈妈不会叫我起床，那我就在睡觉前再次确认下闹钟是否定好了吧"，毕竟是一件重要的事。

虽然日本妈妈和孩子说"拜托了，请起来"也是母爱的一种体现，但这种爱并不能教孩子自由和责任。如果想要告诉孩子什么是自由、什么是责任，父母就必须在日常生活中结合像自己定闹钟起床这样的例子，告诉孩子："所谓自由，即你有自己做选择的自由。但在选择之后，你必须对此负责。"

决定自己的状态的自由

有个有钱人，是当地的名人。他的女儿在骨髓移植后去世了。虽然他尽了最大的力量挽救，但他还是没能让他的女儿逃出死神的魔掌。现在，他能做的是决定以何种状态面对女儿的死。换言之，他还有决定是否恨上帝和医生、是否接受女儿的死的自由。

人的应有姿态，在人作为能思考、能选择的人格者生活时，便能具备。而所谓人的真正自由，是指人在面对因人有缺点而必须忍受的诸多条件时，可以决定自己的应有姿态、活出自我的自由。作为人来到世上的每个人，只有经过教育，才能成为能做出正确判断、正确选择并为此负责的拥有独立人格的人。因此，对于父母而言，能够持有想让孩子成为真正的自由人的愿望和爱，并偶尔铁着心肠教育孩子，比什么都重要。

顺应真理

真正的自由人，通俗地讲，不是指"虽然明白，但无法做到"的人，而是指"能做到明白的事"的人。能做到自己明白的事，绝非易事。有时候，即使我们明白必须温柔地对待某个人，也会表现出一副冷淡的样子。而真正的自由人就不同了，他们无论做什么，都符合爱的规则。

《论语》中有这么一段话：

> 子曰："吾十有五而志于学，三十而立，四十而不惑，五十而知天命，六十而耳顺，七十而从心所欲，不逾矩。"

"矩"的意思是规则、道德。孔子到了七十岁才成为自由人，才能从心所欲不逾矩。换言之，即使随心所欲地做事，也能让所作所为合乎规则，才是自由人的姿态。

奥古斯丁曾说："拥有爱，然后做你想做的。"换言之，如果拥有真正的爱，无论做什么，都能合乎规则。因为拥有真正的爱的人都是支持真理、服从真理的人，而支持真理、服从真理的人就是自由人。

对学生有好恶之分的老师，常常会纠结于自己为什么"虽然明白，但无法做到"。内心自由、胸襟豁达的老师是诚实的人，因此，他们能好好地和学生说话。反之，内心不自由、心胸狭窄的老师，会来回思考"我要这么说了，校长会怎么想""我要这么做了，学生会有什么反应"。这样的人不仅自己会觉得不自由，还会怀揣很多必须遮盖的东西。

诚实的人，是能明确地说出"我现在是这么想的"的人。当他们觉得这个问题对自己而言很重要时，他们会直接说："我认为是你们错了。"当被学生问"老师，这是为什么"时，他们会坦诚地说出原因；当学生再接着说"不对，老师说错了吧"，他们会说："那让我们一起思考吧！"

这样的老师，因为内心设防少、对人坦诚，所以活得轻松愉快。这样的老师是自由的。

我们的学园里，既有附属幼儿园的孩子，也有小学生、中学生。我非常喜欢这样的环境。而我的这种心情，也传达给了孩子们。在我们学园刚创立幼儿园的时候，有人曾对穿着修道服的我说："要是一直穿着一身黑色衣服，孩子们会害怕的，请系上红色的围裙吧！"

但是，孩子们并没有因为衣服的颜色而害怕我，他们每次看到我都是边喊着"园长老师"边朝我飞奔而来。因为孩子们都有一双能看穿人心的眼睛。

我认为，让我觉得这些孩子真的很可爱，让我能将学生们视为女儿，是上帝赐给我的恩惠。此外，让没有家庭、没有孕育经验的我能与孩子们打交道，也是上帝赐给我的恩惠。

传播爱的教育

我一直认为，所谓教育，就是告诉孩子"你是不可替代的人，我们爱真实的你"。虽然爱会不断涌现，但人在被爱过后才会爱人，在被爱过后，才知道自己并不是"one of them"，而是"拥有名字、被爱着、应该爱别人的重要之人"。

迄今为止一直没有自信的学生，当他对自身的价值持有自信、发现自己的价值时，就能绽放他的光芒。虽然他迄今为止只希望别人爱他，但因为被爱过，所以他能成为笑对他人、能腾出余力爱别人的人。

我现在正在冈山县的大学为二百四十名学生讲授"人格论"。在这门课的出席备忘录上，每次都会有一半以上的学生留下她们的感想。

办公室的相关人员在确认出席者后，会将这些文字整理出来，从冈山的大学寄到我在东京的住所。每次我都会一一读完，并每两次用便笺给她们写一次答复。写完后，我会将每张便笺对半折叠好，用订书器订上，在外面写上学生的姓名（如"四年级英语系某某""三年级儿童系某某"），然后在下次上课的时候将它们递给对应的学生。当我把便笺递给学生的时候，她们总是表现出很惊喜的样子。

以下是某位学生在出席备忘录上写下的感想：

谢谢您的回答。没想到您还能给我回复，我十分开心。我觉得我不过是几千名学生中的一个，即使您没注意到我，我也不介意，但您却把写着我名字的便笺交给了我。我感觉到了您对我的爱和重视，我十分开心。

这位学生在这之后写的话，让我很开心。

我觉得上帝也和您一样爱着我、重视着我。四月，我就是一名私塾的讲师了，我想像您一样把爱传递给每一位学生。

虽说只是在便笺上写几行字，但写多了，不仅手会疼，还很费事。不过，让我欣喜的是，不仅刚才介绍的这位学生说她很开心，还有很多学生也在备忘录上写了"很开心""好久没看到手写的字了"等话语。

换言之，虽然教室中有二百四十名有名字的学生，但她们不是"people",而是"240 persons",她们不是一群人,而是拥有不同人格的人的汇集。因为各不相同的她们,自然拥有不同的见解、欲求,所以我觉得,让自己意识到这二百四十个人每个人都是独特的存在,很重要。

相信孩子的可能性

现在,孩子们渴望遇到诚实的老师,而不是拥有虚有其表的温柔的老师,或哗众取宠的老师。因为他们都是边向老师学习身为人的重要东西,边独自选择、成长的。

知识,是一种只要被传授,即可得到的东西。只要打开电脑,我们就能通过网络得到大量知识。但是现在,电脑和机器人并不能给人自信、爱与生活的勇气。

人有改变的可能性。我也曾多次告诉自己:"从今天起做一个稍稍好一点的人吧。"因此,不带着偏见、成见看学生,不拘泥于学生过去的表现,对老师而言,是一件十分重要的事。

培养会正确判断、正确选择并为此负责的拥有人格的人,是教育的目的。我们应持有想让学生成为自由人的愿望和爱,为了把自由和责任教给孩子而努力。

人活着,不能只靠面包

创立"蒙氏教育"的玛利亚·蒙台梭利曾说:"在过去拥有过幸福时光的孩子是幸福的。"利用丰富的教具让孩子体会充实感、成就感,是蒙氏教育的目的之一。在这种教育之下,孩子们的心灵能够得到满足。而这种被满足的感觉,总有一天,在某个地方,会成为孩子们的心灵支撑。

从小真实的自己被人接纳、认可的孩子,将来无论陷入多大的困境,都很少会对自己绝望。反之,只有满足某些条件才能得到认可和爱的孩子,当他无法满足某个条件时，就可能会对自己失望。

现在，我们正生活在按照利用价值、商品价值评判人的社会中。"能做什么""是否有用"，是人们很重视的两项指标。

一段时间内，日本自杀者的人数每年都超过三万。换言之，每天都有很多人结束自己的生命。据说这些自杀者在遗书中都会写"即使活着，也只会给人添麻烦""被人干扰，很痛苦"之类的话语。

觉得"活不活都一样""死了反而对社会、对他人更好"的人，当他们听到有人温柔地和他们说话，看到有人冲他们微笑时，一定能从心底涌现活下去的力量吧！

毕竟"人活着，不能只靠面包"。当我们把"你只要活着就好，你是上帝正无条件地爱着的重要之人"这个信息传达给一直否定自己的存在的人后，他们就能鼓起勇气活下去。

希望我们每个人每天都能通过做一些小事给周围

的人送去"幸福的时间",让"幸福的时间"成为他们的心灵支撑。

一句赞美

多年前,有一个死刑犯在深深忏悔自己所犯下的罪后,接受了死刑。这个死刑犯名叫岛秋人,他在长达七年的监狱生活中写的和歌,被编成集,并取名为《遗爱集》,在他被处死后出版。

老师的一句赞美话,拯救了我的心灵,改变了我的人生。我这样的笨人,在长达七年的漫长岁月中,也写出了受人认可的和歌。我为此感到高兴。

岛秋人是一个从小便遭遇不幸、被人瞧不起、很少被表扬的人。但是，在他上中学的时候，他的美术老师曾赞扬他说："虽然你的画不算好，但构图很好。"

犯下罪后在狱中想起这句话的他，给这位老师写了一封信。而老师则在回信中附了一首出自他夫人之手的和歌。受到这首和歌的触动，他开始写诗，并最终成了一名和歌诗人。以下这首是他在接受死刑宣告的当天写的和歌：

死刑已定

终日心感寂寞

穿上旧师的旧衬衫

这首和歌，让我不由得开始追思穿着唯一表扬过他的老师的旧衬衫接受死刑宣告的岛秋人。据我的同事说，这位曾表扬过岛秋人的老师，是一个会在画法上给学生指出很多缺点，但最后一定会表扬学生的优点的人。

"构图很好",这么简单的一句赞词,却让这位青年铭记于心长达二十多年,拯救了他的灵魂,并引导他的精神走向了至高境界。

诚信危机

最近,我一想起社会上发生的多起犯罪事件,就会想日本人是不是已丧失"正直"这种品德或内心习惯。我听说,日本既有伪造食品产地销售食用肉等各种食品的厂家,也有给食品重新贴写有虚假保质期的贴纸的商家。

现在,不仅在公安局、银行、医院等我们最信赖的地方,犯罪事件被暗中了结,在国家管理者的周围,金钱丑闻也一直在蔓延。这让人觉得既遗憾又担忧。

虽然这类丑闻本身令人十分气愤,但最让人觉得遗憾的是当事者们的态度。最开始,他们会说"我不知道有这样的事,我没有参与其中";而一旦有充足的证据摆在眼前,他们就会突然改变说法,说"对不起"。他们或许也没有教过自己的孩子"要正直地活着"吧!

过去,人们都是以半威胁半教育的方式——威胁说"如果撒谎,就会被阎王爷割舌头"——告诉我们人必须正直地活着。但现在不同了,现在已是一个"金钱万能"的社会,而且发达的科学技术也为采取以前想都想不到的巧妙的作恶手段的人逃避责任创造了条件。

正因为如此,人们比以前更有必要成为好人。如果人们不趁早恢复正直的姿态,我们的社会就可能成为"人为了钱什么都做,在事情败露前一直撒谎"的社会。

承蒙世间恩惠

有位妈妈牵着小孩的手,路过一个自来水管道施工现场。那是夏日的午后。妈妈对小孩说:

"因为有这些流着汗工作的叔叔,宝宝才能喝上好喝的水。我们一起说'谢谢'吧!"

这时,另一位牵着一样年幼的孩子的手的妈妈,也路过了这个地方。她对孩子说:

"宝宝,如果不从现在开始努力学习的话,以后就要做这种工作哟。"

对安装自来水管道这份工作,两位妈妈持有不同的看法。第一位妈妈,让孩子对劳动产生了尊敬和感激之情。第二位妈妈,则在自己孩子的心中植入了"会弄脏手的工作、汗流浃背的工作是可怕的工作"的错误观念。

如果是我们和孩子一起在现场,会对孩子说什么呢?比说话更重要的,是当你路过正在工作的这些人时,持有什么样的想法。

人无法给予别人自己没有的东西。如果想要培养孩子的感恩之心,父母就必须先养成平时说"谢谢"的习惯。

最近的学生让我颇为在意的一点是,在说具体内容前不会说像"枕词"[1]一样的开场白。比如,当问她们"你好吗"时,越来越多的学生不会回答"承蒙您的恩惠,我很好",只会说"我很好"。

上课迟到的学生,虽然课后会上前说"我今天迟到了",但不会说"对不起"这句开场白。此外,会说

---

[1] 日本古代诗歌中,冠于特定词语前而用于修饰或调整语句的词语。

"您正在说话,打扰了""夜里前来打扰,失礼了"等寒暄话的学生,也越来越少了。不过,对"夜里"的定义,或许学生和我们也存在很大的偏差。

不管怎样,学生们的词汇正在变得越来越贫乏,而这也是她们的内心变得越来越贫乏的证明。

我觉得,我们至少应在生活中让"承蒙恩惠"这句话和感恩的心情"复活"。英语中,一般会清楚地说出恩惠的来源、对象,如"Thank God""Thanks to you"等。但日语中很多时候并不会清楚地表示出来,仅仅说"承蒙恩惠"这几个字。因此,或许较真的人就会问:"你是承蒙了谁的恩惠?"其实,无论承蒙的是谁的恩惠,都是好事。能说出这句话,不仅表明我们没有忘记"单凭一个人的力量无法生活在世上,我们正在蒙受很多恩惠"这一点,还表明我们对看不见的东西持有感激之情。

当我们遇到值得感谢的事或在无关紧要的时候,说"承蒙恩惠"是一件比较容易的事。但是,在遭遇不幸或灾难的时候，让自己说出"承蒙恩惠"这句话，却没那么容易。

我一直希望自己成为在这种时候也能说出"承蒙恩惠"的人。我希望自己能边以认真的态度接受不幸、灾难、痛苦，边祈祷上帝让我成为能说"承蒙痛苦的恩惠"的人。

上帝绝不会把我们承受不了的考验给我们。这个世上没有一件是没用的事。

相田光男写过一首题为《承蒙栽跟头的恩惠》的诗。虽然相田光男这名在家僧人[1]已于1991年逝世，但他留下了很多如实表现人的强大与弱小的诗。以下是《承蒙栽跟头的恩惠》这首诗的一部分。

承蒙栽跟头的恩惠

我开始深入思考问题

承蒙我反复犯下的过错和失败的恩惠

---
1 所谓在家僧人，即拥有妻儿、吃肉食的僧人。

　　　　慢慢地

　　我开始能以温柔的眼神

　　　　看别人做的事

承蒙多次被逼入死胡同的恩惠

　　　我深入了解了

　　自己身为人的弱点

　　　　和散漫

每次看到身边的人离世

　　我都能深切体会到

　　　人生的短暂和

　　此时 在此地

　　　活着的珍贵

　　他说得非常对。不悲叹已经发生的事，而是以承蒙这种经历的恩惠的心情，将目光放在已得到的东西上，是我们应向孩子们传达的"活着的力量"。

人拥有其他动物所不具备的自由判断的能力。看到别人正在安装自来水管道，认为这是一件"值得感谢的事"，或觉得这是一件"微不足道的事"，都是我们的自由。

无论遇到什么事都能说"谢谢""承蒙恩惠"的孩子，一定能幸福地生活下去。想要培养出这样的孩子，我们首先要培养我们的感恩之心。

退一步的力量

以下是出现在某个家庭的晨间景象：

上初中的儿子在匆匆吃完早饭后，便向大门跑去。就在这时，他踢到了放在地板上的烟灰缸，烟灰撒了一地。于是，儿子边叫嚷着"把烟灰缸放在这种地方，撒了可不是我的错哟"，边重重地关门离去。

紧接着，正在看报纸的爸爸说了这么一句："那是因为你睡到快迟到才起来，慌慌张张的，才会碰倒东西。下次走路看好脚下！"正在厨房忙碌的妈妈也毫不示弱，指责爸爸说："这是因为你把烟灰缸丢在地板上不管。"

如果踢到烟灰缸这个事件发生在一个人人互相谦让的家庭,儿子会在踢倒放在地板上的烟灰缸后,边说"对不起"边关门离开,接着爸爸会说"我放在地板上后就没拿上来,抱歉",而妈妈则会说"要是我看到后收拾了就好了,对不起",三个人都会各自为自己的不足之处道歉。

互相指责的家庭,以不愉快的心情度过了宝贵的早晨时光;而互相道歉的家庭,虽然也发生了相同的事,却以愉快的心情度过了早晨这段时光。

如果不多加注意,我们就容易养成无论发生什么事都认为"不是我的错,而是你不对"的习惯。当我们像第一个家庭一样互相指责的时候,无论是家庭还是社会,和睦的气氛都会被破坏。我们看国与国因互相责难而战火不断的现状,就能清楚地明白这一点。

那么,是不是无论什么时候,我们都应该道歉呢?并非如此。在不需要道歉的场合,我们不仅没必要道歉，还应让对方好好道歉。不过，需要注意的是，我们不可在对自己的过错或失误置之不理的情况下责备他人。

《圣经》中记载了这么一件事：众人将行淫时被捉的妇人带到耶稣跟前，问耶稣："你说该把她怎么样呢？"耶稣平静地回答道："你们中间谁是没有罪的，谁就可以拿石头打她。"众人听完这句话，就一个接一个地出去了，谁都没有拿石头打妇人。

我们在责备他人前，必须先审视一下自己的内心，问自己是否拥有责备他人的资格。毕竟即使在这之后再责备，也不晚。

前几天，我被叫去接一个长途电话，通过电话听筒，我聆听了一位女高中生的父亲的训斥。他的女儿加入了扒窃组织，事情被发现后，她被老师以不恰当的方式狠狠地批评了一顿，因此，这位父亲命令身为学园责任人的我让当事老师写道歉信。

在打电话的过程中，他对于女儿的错误行为没有一句道歉的话，只是一个劲儿地指责老师的批评方法。面对这样的学生父亲，我惊讶得一句话都说不出来。"让对方道歉"，现在似乎十分流行。殊不知，不承认自己一方的过错，只是一味地指责对方，是一件可怕的事。

前些日子，社会上还出现了仅仅因在上下车时触碰到了旁边乘客的肩膀而被对方打成重伤、失去知觉的事情。此外，更早以前，还有人在拥挤的电车上，仅仅因为别人对他说"往里面挤一挤"而把人杀了。这几个例子都说明，充满杀气的不仅仅是孩子，还有大人。

人生活在社会中，难免会与别人发生肢体接触。在这种时候，只要说一句"对不起"，双方的心就能平静下来。如果有人将车驶上人行道停车，人行道就会变得十分狭窄。这时，如果开车的人对迎面走来的路人说一句"请先走"，而对方也回一句"谢谢"，友好的关系便形成了。

说到"谦让",我想起了前些天一位毕业生给我写的信。她在信中说了一件让她铭刻在心的事。

"刚入学不久的时候,有一天早晨大家都在匆忙赶路,我在走廊的拐角差点撞到了您。那时,您非常自然地往后退了退,笑眯眯地对我说'早上好'。在那一瞬间我感受到的安心感和幸福感,现在依然无法忘记。"

这位学生是从升学率很高的高中考进我们大学的。她在信中接着说:"高中老师曾教我们以用手推开人的方式往前走,从来没有教我们'往后退一步'。上大学后,我遇到了主动退后一步的您,十分惊讶。从那以后,我也开始让自己主动往后退一步。"

这件不值得一提的事,之所以被这位学生视为新鲜的事,不外乎是因为人们在日常生活中都忘了做这件"理所当然的事"。这是件悲哀的事。

从今天开始,当无论谁往后退都可以时,请主动往后退一步吧!实际上,当你的身体往后退的时候,你的谦让之心(即道歉之心)也在不知不觉间培养起来了。

我真希望为人父母者都能培养孩子的"谦让之心"和"道歉之心"。我之所以这么希望,是因为这两者能变成他们的"活着的力量",能让他们幸福。

把一切存在心里

幼儿园和小学的孩子们,十分喜欢圣母玛利亚。他们在上下学时都会到圣母玛利亚的雕像前,以双手合十的姿态和圣母玛利亚说"早上好"或"再见"。对孩子们而言,身材匀称、一身雪白、高雅纯洁的圣母玛利亚雕像,既是耶稣的妈妈,也是他们心中仰慕的对象。

牢记在我心中的圣母玛利亚雕像则与这座一身雪白的雕像相差甚远。那是一座我在巴西逗留期间,在村外的教堂里看到的圣母像。在那座被蜡烛熏成一片漆黑、无法辨别最初是什么颜色的圣母玛利亚雕像前，几个贫穷的人，在将他们用从牙缝中省下的钱买的几根蜡烛点亮后，跪下祈祷。

他们将安置着耶稣圣体的中央祭坛扔在一边不管，只在侧祭坛的玛利亚雕像前专心祈祷。看他们的脊背，我能感觉到他们那难以言表的悲痛和他们所承受的生活之重。

"圣母玛利亚，您一定能明白我的这种痛苦。为什么会发生这种不讲理的事呀？请赐予我忍耐的力量。请向您的儿子耶稣传达我的愿望。"

或许他们眼中的玛利亚，不是一位万人仰慕的女性，而是离他们最近的理解者，和他们一样沾满生活的污垢、肩负重担、体会过诸多痛苦的前辈和调解者，或是毫无怨言地接受降临到身上的厄运的耶稣的母亲吧！

事实上，玛利亚的一生，充满悲苦。她作为母亲的生涯，始于她突然受圣灵感应而怀孕之时，终于目睹孩子被钉死在十字架上后，她将冰冷的遗骸抱在膝盖上之时。

玛利亚曾反复体会"我的孩子不是我的"这种感觉。这绝不是一件容易的事。但是,玛利亚忍受过来了。至于是如何忍受的,《圣经》中有简短而恰当的描述:

玛利亚把这一切事存在了心里。

在玛利亚雕像前一个劲儿地祈祷的人,其实是在向知道"把事存在心里"的圣母祈祷。

我们在每天的生活中,也像玛利亚一样有很多"为什么"。有时我们甚至想逼问上帝。因为我们时常会平白无故地被人说坏话,因他人善于钻营而被置于不利境地,或遭遇让人无力应对的人际关系、被信赖的人背叛等。

我们不知道如何处理这些问题,如何做才能让内心恢复平静,如何做才能解决问题。在这种时候,我有时会抬头看玛利亚像,对她祈祷:"圣母玛利亚,请告诉我，如果是您，您会怎么做。"

八木重吉这位英年早逝、拥有信仰的诗人，写过这么一首诗：

> 我想像上帝一样宽恕世人
>
> 我愿用胸口温暖世人投来的憎恨
>
> 待它绽放花朵后
>
> 我要把花朵献给上帝

当我们意识到没有材料是无法做出"花朵"时，我们可以将生活中的悲伤、痛苦、难堪作为花的材料，把它们变成可贵的东西。只要"放在心中、用胸口温暖"，它们就能变成花朵。让它们产生这种"化学反应"的催化剂，是我们对上帝的安排和爱的信赖——我们相信上帝不会把我们无法承受的考验给我们。

我一直认为，玛利亚是一个告诉我们身为母亲的艰难而非喜悦的人。

在山本有三的《真实一路》这部小说中，有一封企图自杀的母亲写给女儿的遗书：

> 女人当母亲没什么了不起，这种事只要是正常的女人都能做到，但要当一个真正的母亲，却非常困难。请好好思考我说的话。我想留给你的只有这句话。

社会上将五月的第二个星期日定为母亲节。教会则将五月称为"圣母月"，把整个五月献给既是耶稣的母亲也是我们的母亲的玛利亚。

在成为母亲后觉得一直当母亲是一件难事的人，或许也有很多吧！

真希望母亲们除了把母亲节视为听孩子说"谢谢"的日子外，还能把母亲节视为让自己醒悟的日子、反省是否以把一切放在心里的方式生活的日子、把每日的劳苦变成"花朵"献给上帝的日子。

常常喜乐

常常喜乐

有人说:"摆出一张可怕的脸的和平主义者,和黑色的雪一样,是矛盾的。"同样,总是一脸阴沉的母亲,也是矛盾的。因为母亲对于孩子而言,一定是太阳般的存在。

市面上曾出版一本名为《妈妈,多笑笑》的书。对于孩子而言,家庭是否和睦,特别是母亲是否常常露出笑脸,十分重要。和睦的家庭氛围和母亲的笑脸可以给孩子安全感和自信。

我有个学生如今已是三个孩子的母亲。她在上大学的时候，不仅深受大家的喜欢，还和很多男同学关系不错。但是，无论和他们如何开心地玩耍，她都不会跨越界限，都会与他们保持适当的距离。

在毕业前夕，我问她是否有保持距离的"秘诀"，而她的回答让我十分意外。她说："老师，我是三姐妹中的长女。两个妹妹都是智障儿。但是，我的妈妈对我们从来都是一视同仁，把我们当作宝贝培养。"

我觉得，没有比这个更恰当的回答了。正因为家中有爱、有温暖、有欢笑，且无论能力高低、是否有毛病，每个孩子都被当作"宝贝"对待，所以孩子们在不知不觉间就学会了如何珍惜自己。

想要"常常喜乐"，我们必须拥有一颗将痛苦的十字架作为恩赐接受、永远笑着生活的坚强之心。

常常感谢

这对于每天为工作、家务、育儿忙得团团转的人来说，也是一件困难的事。

在我被派往美国锻炼的那段时间，我从美国修女们的身上学到了很多东西。除了从她们说的话中学东西外，我还通过观察她们的举止学东西。比如，在厨房洗盘子的时候，她们会先卷起袖口，然后在胸口画十字。她们在开车前也是如此。她们能做出这种动作，表明她们在无意识中就能感受到上帝的存在。不知不觉间，改变过信仰、修行尚浅的我，也养成了做事前在胸口画十字的习惯。

她们用行动告诉我，祈祷并不是只能去教堂做，而是一种需要随时意识到上帝的存在并与上帝沟通的行为。在工作中，我们即使完全忘了上帝的存在也没关系。但是，我们应持有"常常与上帝沟通"的念头。这是一件重要的事。

当你早上打发孩子去上学的时候，不应催促孩子

"快点快点",而是在那一瞬间祈祷"上帝,请保护我的孩子",你觉得如何?批评孩子的时候,如果能先祈祷再批评,或许孩子能更温顺地接受吧!

在举办运动会的前一天,我曾对附属幼儿园的教职工这么说:"尽管我们不知道祈祷完是否能如愿,但我们还是要祈祷明天有个好天气。"

我刚说完,有位老师就来到我的身旁,对我说:"祈祷的老师和不祈祷的老师,有很大的区别呀!"这位老师并不是基督教徒。她的话给我留下了深刻的印象。之所以有很大的区别,是因为祈祷虽然不能改变上帝,但能改变自己。

玩 心

人们都说现在的孩子失去了三个"间":空间、时间、仲间[1]。

确实如此。连巴掌大的空地上都盖着楼,狭窄的小巷中也是一幅车水马龙的景象,即使孩子想玩,也没有玩耍的空间。孩子放学后,得去补习班上课,得做作业,完全没有玩耍的时间。至于伙伴嘛,自从电视、电脑、电玩出现后,孩子们已不需要伙伴。而且,激烈的升学竞争和少子化现象使拥有玩伴这件事变得

---
[1] "仲间"的日语含义是伙伴、同伴。

难上加难。

成长于物质贫乏时代的我们就不同了。我们拥有广阔的玩耍空间、大量的玩耍时间和为数不少的伙伴。在玩耍中，我们能渐渐掌握一些规则。我们掌握的规则，如按顺序等待、谦让、尊老爱幼、懂得吵架的限度等，其实就是人生的规则、人际关系的规则。

我觉得，最近之所以会出现由孩子主导的恐怖事件，和孩子缺少玩耍的空间、时间、伙伴多少有一些关系。因为他们一直没有可以尽情玩耍的空间、时间，没有可以一起玩耍的伙伴，没有在玩耍中掌握一些规则，所以他们很容易违反身为人的做事规则。

实际上，比起为孩子创造玩耍条件，更有必要的是让大人恢复"玩心"。这不是指让大人玩高尔夫、麻将、柏青哥，而是让他们在忙碌的生活中拥有一些随心所欲、一颗安闲自在的心。

就像想安全开车就必须"玩"方向盘一样，在人生的旅途上，我们在拥有物质上的宽裕的同时，还应让自己多拥有一些能展示我们的"玩心"的东西,如微笑、体贴、温柔等。

当拥有这种"玩心"的大人不断增加时,孩子们即使正在失去三个"间",也能幸福地成长。

各种喜悦

最近,我不由得觉得,只体会过得到东西的喜悦而未体会过其他喜悦的孩子,正在不断增加。所谓其他喜悦,即给予的喜悦、分享的喜悦、独自完成事情的喜悦等。

特蕾莎修女曾和我讲她的一次经历:"在加尔各答的街上,有一个母亲带着八个孩子,他们全家人都饿着肚子。当我给他们送去便当后,这位母亲在以开心的心情恭恭敬敬地接受后,马上向某个地方跑去。她回来后和我说:'因为隔壁那家人也几乎吃不上饭,所以我就把一半分给了他们。'"

在说完这些后,特蕾莎修女这样说:"贫穷的人是伟大的。经历过饥饿的人,也能体会他人的痛苦。"我想,所谓真正的富有,就是指像这位母亲一样拥有一颗懂得给予的心吧!

最近,越来越多的父母过分保护孩子,从孩子那里夺走他们独自完成事情的喜悦。这看似是爱孩子的表现,实际上是一种从孩子那里夺走他们成长所需的自信、自立的喜悦的行为。

只体会过得到东西的喜悦的孩子,会一直生活在以自我为中心的世界。这样的孩子,无论拥有多少东西,其内心都是贫乏的。请通过让孩子体会给予的喜悦、分享的喜悦、独自完成某事的喜悦,真正让孩子的生活变得丰富起来吧!

我们生而重要

我看到、听到"做唯一比做第一重要"这句话,已有好多年。据说这句话不仅频频被用于教学中、入学仪式或毕业仪式的致辞中,还作为歌词被某人气歌手组合演唱。

无论是体育比赛还是文化活动——学业自不用说——人们都以"成为最好"为目标,而且一旦谁成为世界第一、日本第一或夺得金牌,就会成为大新闻。这一点从古至今都没有变过。

但与此同时,"不给孩子划分等级"的做法也正流行于世——这与人们想争第一的愿望恰好相反。比如，在幼儿园运动会的跑步比赛中，大家要和跑步速度慢的孩子一起冲线；有的小学为了不区分对待体弱的学生，取消了全勤奖和勤奋奖；等等。

我对上述这种"平均主义"持不赞同的态度，而"做唯一比做第一重要"这句标语正合我意。因为在我看来，在跑步比赛中，既有跑第一名的孩子，也有跑第五名的孩子，这是一件好事。此外，虽然照顾体弱的孩子很重要，但认可一直不迟到、不缺席的孩子的努力，也很重要。

但是，最近却有人告诉我："青少年们把'唯一'解释为'特别的一个人'。"这让我有些失望。换言之，在他们看来，普通意味着没有价值，只有引人注目的人才配得上"唯一"这个词。

某报纸在专栏中提到了这种现象，并如此评论道："如果个体在得到别人的认可和赞同后才具有价值，才能被称为'唯一'，那么，人和吸引看客目光的花无异。"

在与学生打交道的四十多年里,我发现,确实有一部分学生存在"想引人注目"的倾向。而另一方面,也有一些学生如果不和别人保持同一步调就无法安心生活。无论是哪种情况,都是在意"别人的视线"的表现。可以说,这是一种在拥有真正的个性前的、还未成熟的年轻人的姿态。

大约四百五十年前,传教士初次来日本宣传基督教。那时,传教士们用"御大切"这个美丽的词代替"爱"这个字。[1]在那个人们因身份、门第、性别、年龄而被区别对待的封建时代,传教士想告诉众人"上帝眼中的每个人都是平等的,每个人都是被爱着的'重要的存在',都是世间的唯一"这个好消息。

这意味着,凡是活着的人都是有价值的人,你可以是默默无闻的人、普通的人,可以做真实的自己。

---

1 出于想让日本人更易接受他们的教义的考虑,当时的传教士使用了"御大切"这个日本本土词汇。"御大切"的原本意思是"珍爱""珍惜""保重",后来被引申为"爱"。

"每个人都是无可替代的一个人"这种想法，也必须渗透在教会学校圣母清心女子大学的教学中。

据说，日本每年的自杀者人数，已连续五年超过三万人，比因交通事故死亡的人还要多。很多自杀者都在他们的遗书中流露出"被干扰"的悲愁或"给别人添麻烦"的痛苦。

"如果自己的存在得不到别人的祝福，人就活不下去。"我有时觉得这句话说得很对。我们不是因为自己想要而来到这个世上的，如果得不到诸如"你是我不可或缺的人""你可以活下去的，请好好活下去"之类的祝福和鼓励，就容易失去活下去的自信。

特蕾莎修女也曾拜访我们大学，并与学生们聊天。她的一生，可以说是不断给失去生活自信的人祝福、鼓励和祈祷的一生。对于她而言，照顾每个人，不是福利事业，而是把每个人的灵魂当作无可替代的唯一去珍惜的表现。

（本篇摘自校刊）

第四章

老之将至

人生的计划

数年前,一位不到五十五岁的日本修女,在美国的传教地因遭遇交通事故而死亡。经常教当地的人做菜、做针线活儿的她,是一个活泼开朗、人见人爱的人。在工作已步入正轨,她一直牵挂的新传教中心也将在数日后完工之时,却发生了事故。

或许在发生事故的那天早晨,修女是边在心中思考新中心的传教计划边开车的,谁知生命却被画上了句号。这件事让我深深地体会到这一点:即使是为传播上帝的爱、为人们的幸福而制订的计划,也未必能实现。毕竟上帝的想法有别于人的想法。

每天我都在定好"今天做哪些事"后开始新的一天。但是，我最初的计划常常因不速之客的到来或一个电话而被全盘打乱。

当我为好不容易才定好的计划哀叹惋惜时，我想起了多年前某位长辈送给我的话。他说："人生是中断的连续。"换言之，让你的计划泡汤的人或事，乍一看是干扰要素，实际上是构成你的人生的重要部分。

拥有理性和自由意志的人，有别于鸟、鱼等动物，是唯一能制订人生计划的存在。与此同时，人也应该明白自己定好的计划未必能实现。

回忆特蕾莎修女

这是一件发生在 1984 年 11 月 23 日的事。这一天，特蕾莎修女一大早就坐新干线离开东京奔赴广岛，在广岛结束演讲后，再次坐新干线前往冈山。她抵达冈山时，已是傍晚五点。

在修女抵达冈山前，很多新闻记者就已经在车站严阵以待。而且在晚上九点多之前，他们一直追着修女不断地亮闪光灯、按快门。这一天，修女从清晨开始在陌生的国家四处奔波，并在途中参加了多个演讲活动和祈祷集会。如此紧凑的日程安排，连年轻人都会觉得疲惫，但七十四岁的修女却安之若素，每次都以最美的笑容面对镜头。我为此十分感动。

在这一天的行程终于结束后，我带修女去我们修道院休息。在去修道院的路上，修女用稍带开玩笑的口吻对身旁的我说：

"每次亮起闪光灯，我一微笑，有个灵魂就能到上帝的身边去。这是上帝和我的交易。"

原来修女把麻烦的事、讨厌的事、疲惫都当作了祈祷的材料。

等修女在修道院吃完茶点，已是晚上十点多。当我们对她说"晚安"的时候，修女说："我先不睡，因为今天还没有在圣体前做祷告。"说完，她关掉取暖用的电炉，到没有暖气的小教堂祈祷了一小时。第二天早上，四点半便起来的她，先做了一小时的祷告，然后在快速吃完早饭后，马上向下个目的地出发。

与修女在一起的短暂时间里，她用行动告诉了我两件重要的事：我们应该用笑脸应对生活中不断出现的麻烦事；无论多忙多累，坚持你热爱的事，这本身就是一种修行。

情感冲突

在1999年发生"音羽杀人事件"后,"情感冲突"这个词总是时不时地浮上我的心头。这是一个当时的媒体用来表现两位母亲在情感上出现冲突的词。这两位母亲的孩子在同一家幼儿园上学,因为无法妥善处理情感冲突这个问题,其中一位年轻的母亲杀害了对方的两岁幼女。

对此十分震惊的很多人,没有把这件事当作别人的事看待。之所以这样,我想或许是因为他们在每天的生活中也正在经历这种情感冲突吧!

凡是有人在的地方，一定有情感冲突。无论是亲子间、兄弟姐妹间、夫妻间、朋友间，还是同事间、家长间、邻里间，都存在与自己持不同价值观的人、合不来的人，或让你产生"要是没有他就好了"这种想法的人。

在大学里工作的时候，我曾为自己所经历的情感冲突而烦恼。当时，有人劝我说："如果你能想通这是因为你和对方存在'文化差异'，就不会烦恼了。"从那以后，这句话成了我的"救星"。

有时候，如果对方是外国人或异族人，我们往往会宽容对待，而如果对方是本国人、与自己一起生活的人，我们往往无法宽恕。在这种时候，如果能想起"每个人都拥有不同的人格，都在不同的文化下成长"这一真理，就会轻松很多。

有时候，用稍微清醒的眼睛审视自己所在乎的事的重要程度，并"消灭"自己固执的想法，是一件重要的事。

你或许会因自己的内心被"文化差异"打乱而感到委屈,但再继续被对方折腾下去,不是更浪费时间吗?因为"时间的用法便是生命的活法",所以我们应让自己多拥有一些自己当主人的时间。

"消灭"自己固执的想法,即意味着你肯定了孤独、寂寞的存在。达格·哈马舍尔德曾任联合国秘书长,处理过很多重大国际问题。他在日记《路上标志》中写过这么一句话:

> 在这个星球上生活,即意味着我们要以孤独为代价,学习走什么样的人生之路。

孤独这个代价,绝不算小。不被理解的寂寞、被误解的痛苦、被排斥的悲伤……我们在日常生活中要经历数也数不清的情感冲突。但是,为了在这个星球上生活,走自己的人生之路,我们就必须承受由这些情感冲突带来的孤独感。

有人曾说:"只有能看透孤独的人,才拥有爱人与被爱的资格。"还有人说:"孤独是为了爱而存在的。"

孤独是人的原本姿态。因为我们来的时候是一个人,死的时候也是一个人。在不擅长忍受孤独的年轻人正在不断增加的现在,请将孤独视为"宝贝"生活吧,人与人之间变得再和善一些吧。

第一次、仅此一次、最后一次

"一期一会"是我喜欢的词语之一。然而,在很长的一段时间里,我都将它的意思理解错了。我以为它等同于"一生只有一次的相遇",意思是"要重视与平时很难见到的人或事的相遇"。

为我纠正这个错误的,是现已亡故的原仓敷民艺馆馆长外村吉之介老师。

据老师说,所谓"一期一会",即像柳宗悦在《心偈》中所说的一样,怀着"没有比现在更年轻的时刻"的心情去生活。因此,它是想告诉我们,在不断重复的生活和工作中，我们应以崭新的心情对待每一次相遇——而不是某次特别的相遇。

数十年前，有位神父在初次主持弥撒时说了这么一句话："虽然今后我可能会主持几万次弥撒，但我想把每天的弥撒当作第一次、仅此一次、最后一次的弥撒去主持。"

后来这位神父是否做到了这一点，我们不得而知。但我深深地记住了"第一次、仅此一次、最后一次"这几个词。

在堺之町有一个名叫吉兵卫的人。他十年如一日地护理着他那长年卧床的妻子。有一天，邻居对他说："真能坚持呀，你不会厌烦吗？"他回答道："不会呀，对于我而言，每次护理既是第一次，也是最后一次。"

实际上，我虽然也想以"一期一会"的心情度过每一天，但我常常很快就忘了早上刚下定的决心。尽管如此，温柔的上帝却一直给这样的我以安慰和鼓励，告诉我"也可以光下决心而不实施"。

如何从容

上帝，请赐予我平静，

去接受我所不能改变的；

请赐予我勇气，

去改变我所能改变的；

并请赐予我智慧，

去辨别什么可以改变，什么不能。

可以说，这段雷茵霍尔德·尼布尔的祷告词，能让我们获得内心的平静和从容。

如今，我已步入耄耋之年。如果有人问我"是不是年龄增加了，修道生活过久了，就能以内心不起波澜的状态从容地接受一切事物"，很遗憾，我的答案是"并非如此"。

只要生活在这个世界上，就不可能有内心不起波澜的日子。确实，人老阅历多，和年轻的时候相比，我能更从容地处理事情。但是，很多日子里我还是需要从尼布尔的祷告词中获得内心的平静和从容。

年龄增长是我无法改变的现实，是我必须平静接受的条件，不过，我也有可以改变的条件。这个条件便是"我自己"。我可以让自己对高度损坏的身体"零件"——自己的眼睛和耳朵——温柔地说一句"长时间为我工作，辛苦了"，而不是对它们生气；我可以让自己谦虚地接受并感谢别人的照顾，不因无法按自己的心意做事而焦躁不安。很多时候，让自己改变，往往更需要勇气。

我希望自己无论年轻与否、能干与否，都能从容地生活。

挑食与爱人

我不是一个挑食的人,但不知为何,一直和青椒"关系不好"。在五十多年前,我刚进入修道院的时候,修道院有"凡是摆上餐桌的东西都必须全部吃完"的规定。好在那个时候青椒从不上修道院的餐桌,所以关于青椒,我并没有什么痛苦的回忆。

在第二次梵蒂冈大公会议开完后,我们修道院的管理开始变得宽松,我们可以不用再像以前那样勉强自己吃讨厌吃的东西。而且,与我住在一起的修女们都很和善,凡是我在修道院的日子,都尽量为我做不加青椒的菜。不过，在我因出差日程突然发生改变而提前一天回去的时候，还是会吃到带青椒的菜。

我除了花很长的时间说服自己吃青椒以外，别无他法。无论是在吃食物的时候，还是在与别人相处的时候，人都有自己无法控制的喜好和厌恶。而且，因为这属于生理上的反应，所以也会出现靠意志力无法控制的情况。其实，谁的身边都有一两个像青椒一样的存在。这种人一般都是和自己合不来的人、自己不喜欢的人、不想跟他待在一起的人。

"喜欢"和"爱"，乍一看，很相似，其实存在很大的不同。前者属于生理上、感情上的感觉，而后者是一种人格行为、意志行为。弗洛姆（Erich Fromm）在《爱的艺术》中，写了这么一句话：

> 爱某个人，并不只是一种强烈的情感，同时它也是一种决定、一种判断、一种承诺。

所谓爱，就像弗洛姆所说的一样，是一种人格行为，它需要理智、意志和严肃的态度。

一位毕业生曾对我说过一句话，这句话后来也成了我们幼儿园的一条教谕："老师，我正努力让自己爱那些我不喜欢的孩子。"虽然这不是件容易的事，但这是身为职业教师应该做到的。

就像即使有不喜欢吃的食物也没有办法一样，身边有自己不喜欢的人，也是没有办法的事。关键是，你是否在努力去爱那些你不喜欢的人。对自己喜欢的人，爱很容易做到；对讨厌的人，则很难去爱。耶稣说"要爱你的敌人"，而非"要喜欢你的敌人"。耶稣之所以这么说，大概是因为这不是不可能的事，但毫无疑问，想要做到，是很难的。

关于爱这件事

我到底能爱上光是气味就让我心生厌恶的青椒吗？辞典上对"爱"的定义是："爱是人被有价值的东

西逐渐吸引的精神过程。"于是,我从认识它所具备的价值开始做起。

如果我能爱上我不喜欢的青椒,不就意味着我认可了不论我喜欢与否都存在着的青椒的价值吗?后来,我认识到不仅有很多人喜欢青椒,青椒还有很高的营养价值,价格实惠,颜色也漂亮,这些都是不可否认的优点。

同理,我讨厌的人、觉得碍眼的人、希望他消失的人,有时使我憎恨的敌人、想要回击的对象,我也要承认他和我一样是拥有幸福生活的权利的人,也应对他所具备的不可替代的价值表示我的敬意。即使是无论如何也无法祝他幸福的敌人,我至少也应做到不盼望他的不幸。

所谓敌人,是自己憎恨的人。因此,"爱敌人"是一种矛盾的说法。不经过一番心理斗争,没有高尚的灵魂,是无法做到的吧!毕竟这是一件极难的事。

看人们对 2001 年 9 月 11 日发生在美国的恐怖袭

击事件的反应，就能明白宽恕敌人是一件多么难的事。那个时候，连基督教徒都做不到在自己的爱人被杀的情况下依然"想去爱"袭击者。没有人做到"有人打你的右脸，就把左脸送给他打"这一点。

我不由得想起了在日本发生的一起杀人事件，一名女子在被凌辱后与孩子一起被杀。在犯人被判无期徒刑时，被害女子年轻的丈夫如此说道："还不如将他判无罪，释放了他，因为我想用我的双手杀了他。"

这句话说明他对敌人有无穷的愤怒。

曾目睹自己深爱的父亲被杀害的我，并不是无法理解这位丈夫的心情。在"二·二六"事件发生四十年后的某一天，关西电视台邀请我出席与该事件有关的一个节目。让人意想不到的是，杀害我父亲的人也被邀请到了现场。当我被安排和他一起喝咖啡时，我的内心极不平静，虽然把电视台拿给我的咖啡送到了嘴边，却一滴都喝不下。

当时，我心中充满了对他的厌恶之情。嘴上说宽恕敌人是一件很容易的事，但流淌着父亲的血液的身体，却不听使唤。如果说我爱这个人，我的爱也仅仅是祈祷比我年岁大的他拥有幸福的晚年，不让自己盼望他的不幸。

在那一天，我的反应再次印证了"我是父亲的女儿"这件事。在我为此感到高兴的同时，我也为自己的修行不够而感到羞耻。

据《圣经》记载，耶稣在被钉上十字架后，还请求上帝赦免把自己钉在十字架上的人、背叛自己的人。一个目睹了整个过程的百夫长，看着宽恕常人难以宽恕的敌人、在十字架上断气的耶稣，不禁嘟囔道："这人真是上帝的儿子。"

在死之前的三十多年里，耶稣表现出了他对被认为没有价值的人或只有负面价值的人的爱。被人轻视、嫌弃、疏远的病人、卖淫妇、征税人，正是耶稣施爱的对象。耶稣举"为寻找迷路的羊而放下九十九只羊的羊倌""焦急等待败家子的归来并主动为他办喜宴的父亲"等例子，就是为了告诉我们"真正的爱，是愚蠢的爱"。为了爱敌人，或许我们也应像耶稣一样成为愚者吧！

弟子不可能比师父伟大。对于做不了上帝的儿子的我们而言，爱敌人应该是一件极难的事吧！但是，难并不意味着就可以不去做。

关于宽恕这件事

宽恕敌人这件事，也不易做到。

加尔默罗会有一名荷兰籍神父，他是在第二次世界大战中被纳粹党抓捕、关入集中营的人之一。据说，在关押六个月后即被执行注射死刑的这位神父，在临死之前把自己祈祷用的念珠送给了护士，以表示自己已宽恕她。

我现在还记得我刚进入修道院的时候见习修女教师对我说的话。她说："对你而言最重要的事不是像耶稣一样在十字架上壮烈地死去，而是每天忍受如针扎般疼的小痛苦。"在那之后，三十六岁就被安排到管理岗上的我，忍受如针扎般疼的感觉自不用说，还多次体会到了"被耍"的痛苦、气得心里翻腾的委屈感觉。在反复失眠、反复思考如何才能回击他们的过程中，我有时甚至能深刻感受到身为基督教徒的"痛苦"。

某位神学者曾说："人在受到伤害的时候，出于本能，会先想如何回击，而不会想宽恕。"

我们在日常生活中，常常会因一些小事而出现不满情绪。或许有人会觉得事情很小，很容易宽恕。其实，正因为都是些小事情，我们才会产生给予小小的"回击"的想法。无端说人坏话的人、常常让人不愉快的人、无视别人的人，如果迄今为止你并没有回击过这些人，坦白地说，未必是因为你的心中装着"宽恕别人"这个大动机。

很多时候，你之所以不回击他人，是因为你拥有不想让自己降低到对方那种水平的自尊心，或上大学期间被灌输的"位高则任重"(处于某地位的人,应具备与该地位相配的宽容精神)的思想让你做出了"忍耐"的选择。可以说,对我而言,母亲说的"即使被背叛,也不可成为背叛别人的人"这句话,在我进行自我克制时起了很大的作用。我一直觉得,我必须做一个多多向耶稣学习的人。

宽恕别人的必备前提,是拥有一颗从容的心。在某次课上,我在说完"如果无法宽恕自己,就难以宽恕别人"后,一位学生和我说:"比起宽恕别人,宽恕自己更难。"而我的回答是"对此完全赞同"。离自己越近的人,我们越难宽恕。宽恕与自己生活在一起的人,比宽恕陌生人要难上好多倍。因此,很难宽恕离自己最近的"自己"、心中的"同居人",也是理所当然的事。

我想,应该没有比把自己视为敌人更痛苦的时候了吧!毕竟和敌人二十四小时相伴而行,是一件痛苦的事。因而,当我们能接纳和宽恕与期待相反的自己、在他人面前丢脸的自己、背叛自己的自己时，我们便能原谅背叛自己的他人。

在背叛自己的他人中，也有容易宽恕的人和难以宽恕的人之分。宽恕对我们只有恶意的人，我们到底能做到吗？我对此没有自信。但是，耶稣却做到了，他边对上帝说"父啊，赦免他们！因为他们所做的，他们自己并不晓得"，边把自己的灵魂交给了上帝。耶稣真不愧是上帝的儿子。

以善胜恶

宽恕别人，实际上最后得救的是自己。迄今为止，我有过多次这种体验。在我觉得对方可恨、想要给以回击时，一想到或许有一天他会向我道歉，我就制止了自己——虽然在此期间，我被他折腾得团团转。通过宽恕别人，我让自己摆脱了憎恨的束缚，获得了自由。或许这也是作为"上帝之子"的自由吧！

我要将这个努力目标放在心中，继续爱我的"青椒"。我想一直过着边与自己的内心斗争，边为如青椒般的存在祈祷幸福的生活。

牢　骚

在我所在大学的事务部门的房间入口处贴着一张纸,上面写着"信息难民救援中心"。我常常在这个房间的门前驻足观看。

因为我也是大家常说的"信息时代文盲"之一,正在与不断出现的新型信息设备搏斗。

在众多新型信息设备中,文字处理机便是其中之一。刚开始普及文字处理机不久,便有人"威胁"我说:"修女,今后可就是文字处理机的时代喽。"虽然他们帮我买了一台,但我以手写更快、手写的字带有温暖的味道等为理由，没怎么用过。

等到我终于可以熟练使用文字处理机时，社会上又开始流行新的机器——计算机。于是，我又面临新的挑战——学会使用计算机。虽然我正在努力学习，但离运用自如还有很远的距离。

我原本决定不使用手机，可事务所的人总对我说"不知您在哪儿，我们很苦恼"。于是，我还是买了一台。不过，托手机的福，学生们为什么能全神贯注地盯着手机看，以及他们等待短信的心情，我现在多少能理解一点了。

而且，当老师们哀叹"上课期间，我还以为学生们在安静地听课，原来是用短信代替了私语"或"有的学生上课期间出教室，说是去上厕所，实际上是去打电话"时，我也能随声附和了。

虽然不论是文字处理机，还是计算机、手机，都拥有让人用过一次就无法放手的便利性，但这些给人带来方便的信息设备，也制造出了很多前所未有的难题或可怕的问题——如由约会网站引发的悲催事件、素不相识的人在网上聊天后一起自杀的事件等。可以说,当人们不具备与发达的信息手段相称的判断力和道德责任感时,就会陷入不可估量的危险中。

有一天,有一位素不相识的女士给我写了一封信。这封贴着八十日元邮票、以"冒昧打扰,盼您答复"作为开头的信,写着满满的无可奈何:

"我已结婚二十二年,即将步入五十岁。于偶然间,摆弄父亲的手机的女儿,看到了他的出轨短信。我百分之百信任的人,却背叛了我。这对我来说是个打击,是我无论如何也不能原谅的。在一番逼问之后,虽然丈夫向我道歉,还说'这完全是一时鬼迷心窍,现在与她已没有关系',但我还是无法原谅他。自从丈夫的出轨被发现后,上高中的女儿也开始闹脾气。虽然我也劝自己'原谅吧,忘了吧',但总是做不到。我为此十分痛苦。"

在信的最后,她问了一句"我该怎么办"。我虽然知道我的回答肯定不能让她满意，但我还是回信了。之后就只能为她祈祷了。

以前，每家一台电话机是正常的现象，而现在已是每人都拥有自己的电话的时代。因此，一个人到底正在和谁电话联络，其家人也不知道。现在，用网络获得了什么样的信息、用邮件和谁交流等，都已成为个人领域的问题，所以能控制自己的，只有自己。

处于当下这种时代，我们更有必要让自己作为拥有独立人格的人，按照"控制冲动、感情用事的自己，在细细思考、判断后做决断并为自己的决断负责"的生活方式生活。如此，我们便能在泛滥的信息中，行使让自己做出正确而聪明的选择的理性和自由意志。

在这个以"便利、舒适、高速"为口号的社会，我们不仅忘了等待，还忘了体贴他人。自动门、电梯、自动贩卖机、加工食品等事物的出现，正在使"一个人生活"变成可能。这些东西确实让独居者、残疾人、高龄老人的独自生活变成了可能，但它们不仅让人与人的关系变疏远了,还助长了主张"只要自己好就行"的自我中心主义。

我曾对学生们说:"请把电车中的所有座位都看作老人专座。"而学生们却用不可思议的表情看着我。我之所以说这句话,是因为我觉得我们不可因社会上存在"福利"这个词而失去一颗体贴他人的心。

今天,大学校园里也到处都是紧握着手机行走的学生。我们的教育工作也比以前更忙了。因为我们必须告诉他们"肩上责任的重大""应作为拥有独立人格的人约束自己""不可弄脏自己的灵魂""不可在信息泛滥的环境中随波逐流""应持有取舍选择的主体性"等。

前几天,收到我的回信的学生,用以下这句话向我道谢:

"好久没见到手写的字了,看到您的信,我十分感动。"

看到这句话,我的心情十分复杂,不知是该开心,还是该叹息。

其实,在写这篇文章时,我也是一个字一个字地写的。自认为是"信息时代文盲"的我,或许今后也会时常在"信息难民救援中心"的门前停留吧!

和且平

> 战争起源于人之思想,故务需于人之思想中筑起保卫和平之屏障。

这是著名的联合国教科文组织组织法前言中的一句话。

我每次听到与中东报复性组织、世界各地发生的纷争、恐怖行动有关的报道,都能意识到这句话说的是事实——人们心中的仇恨和欲望,确实是一切纷争的根源。

当我快要因觉得世界和平不过是一张"画饼"而对世界失去希望时，我想起了一位著名历史学者说过的一段话，这段话让我重新鼓起了勇气。

这是英国历史学家阿诺德·约瑟夫·汤因比（Arnold Joseph Toynbee）在世界宗教和平会议上说的一段话：

> 如果世界上有任何一个人不能和其他人和平地生活在一起，就不能说世界是和平的。和平的源泉或战争的源泉都是每个人的内心活动。人类的命运取决于我们内心克服自我中心主义的斗争。

新闻媒体都呼吁我们成为创造和平的人。但仅仅走上街头，参加高声呼吁废除核武器、裁军的署名运动或示威游行活动，和平并不能实现。虽然这些社会运动也是必需的，但比这更有必要的，是我们的改过自新。

改过自新的过程伴随着痛苦。在这个过程中，我们需要反省以自我为中心的生活方式，需要为与家人、同事、周围人和谐相处而不厌其烦地努力。

真希望我们每个人都不忘记"无论是和平还是战争，都起源于我们的思想"这句话，并在生活中互相宽恕、互相照顾、互相关爱，与周围人一直友好地相处下去。

节　约

我们可以认为，所谓"节约"，并不是指小气，而是指不浪费。如果小件衣物不用洗衣机洗，而是用手洗，就能节约水；如果勤快地关掉不需要的电灯，就能节约电。

稍稍操点心，就可以减少日常花费，这自不用说。与此同时，对保护地球上有限的资源、阻止环境破坏，也能发挥一定的作用。

小时候，我常常听母亲说一些谚语，"图便宜白扔钱"便是其中之一。这句谚语不仅让我戒掉了冲动购物的毛病,还让我懂得了一点:买东西应该买好东西,买完就应该珍惜。

如今是一个把经济放在首位、以消费为美德的时代。在这样的时代,人们创造出了很多"用完就扔掉"的一次性商品。

而这些一次性商品也慢慢地"夺走"了我们的珍惜之心。我们不再珍惜人或物,有时甚至连人的生命,我们都视为"用完就扔掉"的东西。

于是,节约就成了我们必须找回的美德之一。找回节约这个美德,不仅有益于保护地球上的资源,还有益于培养我们珍惜人和物、与人分享东西的爱心。

凡是人,就有无穷无尽的欲望。想随心所欲地使用东西,想不断地获得新的东西……当我们学会控制这些欲望,忍受小小的不自由,养成节俭生活的习惯时,因欲望无法满足而感受到的"痛",就会变成"爱"。

耶稣的遗言之一是"你们要彼此相爱"。这句话不仅劝诫我们人与人之间要友好地相处,不要互相憎恨,还告诉我们不应对他人漠不关心,应留意那些不具备节约美德的人的存在,并边替他们感受小小的"痛"边生活。

撒娇心理

我常常对即将步入社会的大学生说，认为"总会有办法，总会有人为自己想办法"的学生撒娇心理，在社会上并不通用。这是我的经验之谈。

大学毕业后直接在美国人的工作单位工作的我，主要做抄写上司的信并将其打印出来的工作。

有一天，身为美国人的上司在看过我提交的信后，将信退给我说："返工，一个单词拼写错了。"我一想到自己好不容易完成的东西，却仅仅因一字之差而被要求返工，便委屈地哭了。

而上司却冷静地对我说：

"想哭的应该是我。"

上司的这句话让我意识到了自己的撒娇心理之重。与此同时，我深切地意识到，无论是多辛苦才完成的工作，只要有一字之差，就没有意义，职场就是这样一个残酷的世界，要在这个世界中生存，就必须提交没有任何错误的完美工作成果。

"想哭的应该是我。"

作为必须给总在工作中出问题的人支付工资的人，说这样的话，也是正常的。

"不客气地接受别人的好意"与"撒娇"不是一回事。虽然这两者的区别很微妙，但我也学会了如何区分这两者，知道必须以直率谦虚的态度接受别人的好意。因为我是在一所面向外国人的夜校工作，所以有时候会工作到很晚。有一次，我那严厉的上司对我说：

"剩下的工作交给男同事，你先回家吧！"

在这个时候，我十分听话地接受了他的好意。但是，如果我觉得上司下次再对我说这样的话也是理所当然的事，便属于"撒娇"。我觉得，我们有必要弄清楚"不客气地接受别人的好意"与"撒娇"的区别，学会操控自己的"撒娇心理"。

一颗被美吸引的心

我们总希望自己能知道事情的真相。比如,当某个事件发生后,我们就会试图通过电视、报纸、杂志找到"真正的犯人是谁""真正的动机是什么"等问题的答案。撒谎时受到的良心谴责,坦白真相时体会到的安心感,也是人心追求真理的证据。

无论善行的内容是什么,人总会选择他们眼中的善行。

我们还有一颗被美吸引的心。看到夜空中的点点繁星、花朵开放的美丽姿态,听到小鸟婉转的鸣叫声,每个人都能感觉到美。不可否认的是，与自然的东西相比，人工的"美"含有较多的主观要素，而且在音乐、美术、服装等方面，美的评价也具有多样性。

因为我们都是不完美的人、脆弱的人，所以很多时候，我们会将与真理相差甚远的赝品伪装成珍品，会将对自己有利的事视为善行，会追求主观的美。但是，这些事实也正是所有人的心都会被真善美吸引的证据。

人生的冬季

依稀记得,我二十岁的时候,感觉自己变成五十岁、六十岁还是很久以后的将来的事情,根本没放在心上。年轻时,忙忙碌碌,似乎一直在承担一些责任重大的工作,直到某一天,突然停下脚步,蓦然回首,发现自己也迎来了老年。

不知不觉岁数就大了。当年看报纸上报道的身兼要职的人,大多年龄比我大得多,现在正相反,活跃在第一线的人都比我小得多。明知道这是世代交替的必然结果,但仍掩不住心头掠过的一抹惆怅。

虽说慢慢接受了这个现实,但是这几年,我对报纸讣告栏里逝者的年龄特别在意,边看边胡思乱想。年龄比我小,我就会想:"我也快了吧,需要准备准备了。"如果年龄比我大得多,我又会想:"他是怎么活到这么老的呀?"

江户时期的仙涯禅师有首诗,描写了人衰老后的诸多表现:

> 腰弓,脸皱,头秃,发白,老年斑
> 耳聋,眼花,齿落,手抖,足亦颤

> 头巾,围巾,拐杖,痒痒挠
> 老花镜不离身,暖水宝不能少

> 寂寞,心碎,喜搭讪
> 爱多嘴,欲望深,死亦同行不愿单

说话啰唆，不耐烦

需人照顾，多抱怨

小看人，多自满

夸孙子，一句话语说千遍

（选自《老人六歌仙》）

诗中一字一句，深刻描写了和"幸福的老年"相去甚远的现实生活，无不让人颔首称是。年纪大了，身体"零件"磨损，是再自然不过的事情了。无休无止地用了几十年，不损耗反而让人觉得不正常。可是，即使如此，高龄依然被人们认为是幸福的事。然而，和年轻力壮的青年的幸福相比，老年的幸福应该另有一番滋味。

世代交替不该被看作无情，只有这样，我们才能拥有高兴地看到年轻人健康地成长的机会，谦逊地接受照料的机会，以及变得更谦和友善的机会。

对我来说，变老本身，或者说变老的感觉，是磨砺我自己的最后的机会。剩余的时间、体力和气力眼见都在减少，已经没有余力像年轻人一样对所有的事情都感兴趣，只能选择最重要的、必要的事情付诸行动。并且，变老让我们有机会变得更有格调，随着变老，与他人的关系也由注重数量变得开始注重质量。

越年老越切身感受到，一生中多在关注人世间的琐事，而比起现世的价值，我们更应该注重永远不可磨灭的价值，所谓"不可变成灰烬的东西"，这是我衷心的愿景。

这也是一种年老的幸福。

诗人坂村真民先生曾咏颂了一首名为《冬天来了》的诗。将"冬季"换作人生的冬季——高龄期来看的话，此诗别有一番意境。此处撷取部分共赏。

冬天来了

就思慕着冬天

冬天不会立即走远

反而会越来越近

触摸冬天的生命

抚摩冬天的灵魂

冬天来了

就拥抱着冬天

探知冬天的深邃

严酷与静寂

……

冬天是我的瓮坛

上天赐给孤独的我的

安放灵魂的瓮坛

  进入人生的冬季——高龄期,不应怀念已经失去的岁月,人为篡改冬季的寒冷,而是应该更积极地触摸冬天的生命和灵魂。只有这样,冬天才允许我们体味其独有的"深邃、严酷与静寂"。高龄期也是我们

"灵魂的瓮坛",将人生中所有的经历融合在一起,并赋予其特有的意义。

青年时代,我们用肉体体验世界;壮年时代,我们用心灵和知觉感应世界;老年时代,我们用灵魂捕捉世界。

曾有先哲留下这样的话语,或许,这是真的。

变老,对人生来说是必要的;高龄期,是幸福的时期。

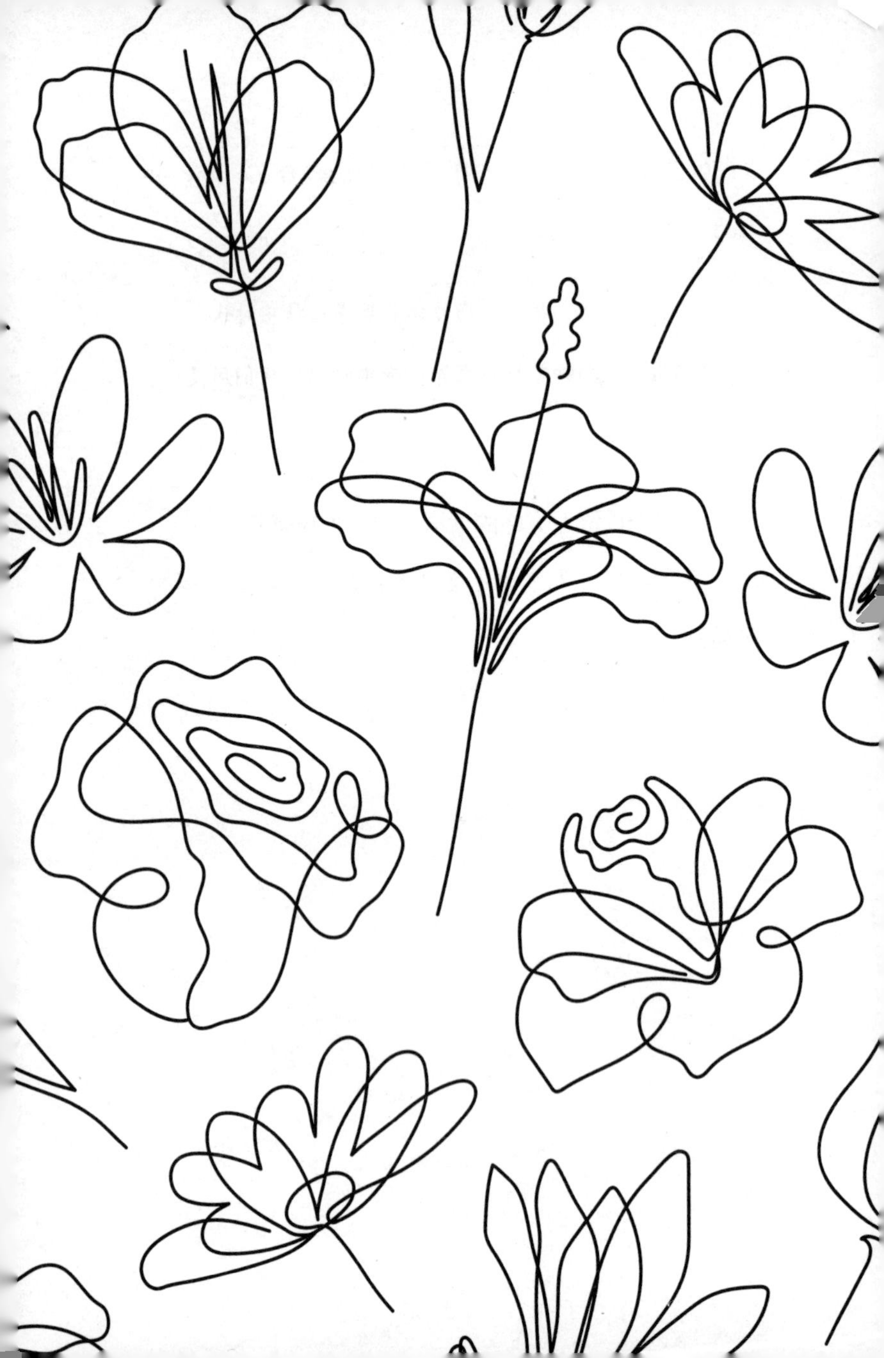